佐藤洋一郎・石川智士・黒倉寿［編集］

海の食料資源の科学

持続可能な発展にむけて

［生命科学と現代社会］

勉誠出版

はじめに——生命科学と現代社会

佐藤洋一郎

二〇世紀後半から二一世紀初頭にかけての時代、人類はその生存自身に対する不安を感じるようになってきた。この数十年の期間の前半期は世界人口が爆発し、食料危機が強く叫ばれた時期でもあり、また食料増産の名目のもとに生態系の破壊や水や大気の汚染が深刻化した時期でもある。また後半期に入ると、途上国における感染症や飢餓とともに、先進国や地域では生活習慣病やがんが死因の大きな部分を占めるようになり、また医療費の増大、長寿化に伴う介護や社会保障費の増加など、それまでの社会が経験したことのないさまざまな社会現象が起きるようになった。さらに、日本はじめ先進国・先進地域における総人口減少社会の到来は、社会の持続可能性に深刻な影を落としつつある。「持続可能性」「社会の持続」という語はもともとは人口の増加とそれに伴う人間活動の活発化によって生じた問題に対応する語であったものが、皮肉なことに人口減少社会にあっても同じ懸念が生じることが明らかになりつつある。いっぽう人間社会の内部にあっては、文化と文化の対立が激しさを増し、価値観が鋭く対立する時代を迎えつつあるかのようである。こうした時代に、学術はどう立ち振る舞うべきか、真剣に考えるときがきている。

このような時代にあって、学術に対する社会の期待は一貫して膨らみつつある。学術がこれらの問題に対して本質的な解決策を提示できると考えられているからである。もちろん、学術は、潜在的には社会のその期待に応える力を持っている。学術は、人類の福祉の貢献する役割を果たさなければならない。しかし、「潜在的に」と書いたとおり、今の学術が人類の福祉に全面的に貢献してきたかというと、その答えは残念ながらかならずしもイエスではない。そして、「必ずしもイエスではな」くなっている責任の一端は、研究者や技術者の側にあるとわたしは考える。「人類の福祉への貢献」というばあい、受益者は社会一般の人びとである。その一般の人びとが生命科学に何を期待しているかは十分尊重されるべきである。とくに現代では、学問はビッグサイエンス化し、多大の経費を必要とする。つまり研究には今までにも増して「カネ」がかかるようになってきた。研究を財政的にささえるのは税である。一般社会はいまや、研究に対して厳しい眼を向けるようになっている。つまり、社会の支持なしには、研究ができなくなりつつある。

さてところで先述のように、学術の世界では、ここ数十年の間、細分化とそれにともなう「タコツボ化」が進行しつつある。生命科学の分野ではこのことはとくに顕著で、中でも二〇世紀後半からは「知の爆発」が進み、専門の研究者といえども隣接分野を含めた研究成果の全体を俯瞰することはほぼ不可能になってしまった。当然、研究者たちは全容を見失いがちになる。学術と社会とのかかわりを考えるゆとりさえない、というのが現代を生きる生命科学者の本音ではなかろうか。現代社会が学術に求めることは、社会がかかえる現実的な問題の解決である。しかし現実社会がかかえる課題は、どれか一つの分野だけでの研究に解決の答えが出せるほど簡単なものではない。タコツボ化した生命科学は、成果の統合を目指さない限り現実社会の課題に解決の糸口を与えることはなかなかできない、ということであろう。

科学技術の役割

学術が人類の福祉に貢献するときにそのインターフェイスとして重要な役割を果たすのが技術である。「科学技術」という言葉を使うべきだろうか。英語でいえばそれはたぶんtechnologyである。むろん、学術（とくに基礎学問）の成果が社会の知を豊かにし、それによって人類の福祉に貢献するということもあるだろうが、より直接的にはその成果が技術という形で社会や生活を作り替えてゆく働きが大きい。そして、この技術の進展をもたらす研究が、日本では「応用研究」あるいは「実学」と位置づけられてきた。

生命科学については、さまざまな生命現象を研究する基礎学問としての生命科学に対して、バイオテクノロジーといわれる技術がそれにあたる。そして製薬、医療、バイテク産業などの産業が夢を現実にしてきた。ただしこの作業の多くは営利企業が担っていて、人類への貢献という意味だけでなく利潤の追求という側面を併せ持つ。後述するようにわたしは技術にはシビル・コントロールが必要という立場をとるが、その理由のひとつはここにある。

科学の進展とその技術の適用――最近は「社会実装」という言葉もよく聞かれるが――には大きなエネルギーを必要とする。そして過重のエネルギー消費はしばしば社会やその制度の変更を伴い、ひいては地球環境に大きな負荷をかける。社会全体が成長を続けている局面では大きな問題にはならなかったが、二一世紀日本のように縮小局面に入った社会では深刻な問題になりつつある。技術の世界は、もはやその分野での「美学」によって自己完結を遂げることが許されなくなってきている。

いっぽう科学技術の急速な進展に社会がついてゆけない事態が生じてきている。そのひとつに科学技術に対する過剰な期待がある。それはもはや「妄信」といってもよい。生命科学の場合には、たとえば医療・美容の面でその傾向が顕著で、ある食品が健康によいとか美容によいと宣伝されるとすぐにそれに飛びつく消費者があまりに多い。とくに最近の広告では、数字を挙げて効果を宣伝するのも多いが、そこに大学や研究所の研究者の名前が記されていることで、その効果を本物と信じさせるのである。同様に、ある食品に含まれる栄養素を検出するのにDNA分析が使われたといわれると、多くの人はまずその結論を受け入れてしまうことだろう。社会には、成果を急いで受け入れようとする傾向が確かにある。技術は常に発展途上にある。

つまり常に未熟であるといってよい。それなのに、社会は果実だけは早く手に入れようとする。それはある意味でやむを得ないことである。不確実性を増す二一世紀だからこそ、人びとはなおのこと科学技術にすがろうとしていているようにもみえる。かつてすがっていた神から科学技術に「宗旨替え」したかのようである。

3・11は何をもたらしたか

半面、社会には科学技術に対する不信感も根強くある。とくに東日本大震災の発災後この傾向は一層強まっているかに思われる。その大きな原因となったのが「想定外」という語であった。東日本大震災の際、東日本沿岸を襲った大津波の高さを予測できなかったことへの批判に対する研究者の返答であったが、社会はこれに強く反応したのだ。分野を越えた共同研究の欠如、あるいはタコツボ志向とでもいうべき研究者の性癖が露呈した瞬間でもあった。

このようにみてゆくと、研究成果を社会にきちんと還元するのは意外と難しいことが改めてよくわかる。本シリーズは、生命科学の研究成果が社会にちゃんと受け入れられるためにいくつかの分野をとり、それぞれの分野で生命科学がどのように受け止められているか、また同様に技術に転化され人びとの福祉に貢献してきたか、ただしく受け止められていないとすれば何が問題かなどのことがらを論じるものである。

科学と技術のかかわりに関する研究はかねてから行われてきたが、ここ二〇年ほどの間にずいぶん進展がみられた。とくに欧州では一部の研究者が一九九九年の「ブタペスト宣言」以後、transdisciplinarityという概念で科学技術の役割を論じてきた（訳語は「超学際」）。それによると科学技術と社会とを等価にみるべきではなく、科学・技術は社会に対して貢献すべきである（science for society）。この考え方は基礎学問の立場からは受け入れられない考えにみえるだろう。しかし、「学術の成果が人類の知を豊かにする」という立場ならば基礎学問もまた、社会に貢献し、人類の福祉に貢献できるはずである。

超学際の語が登場する少し前には、日本学術会議が学問を「認識科学」と「設計科学」にわける提案をしている。前者には自然科学のうちいわゆる基礎科学と呼ばれる分野が含まれ、後者には工、農、薬などの応用科学が含まれる。そして設計科学は設計の学問であり価値判断を含む。つまり、美醜、便利・不便、快適・不快などの判断を伴う。従来学問に関しては「価値判断を排する」のが要件とされたり、あるいはその逆に無原則的な価値判断が加えられたりしてきたが、どちらも不適当である。前者を学問でないとしてしまえば、「哲史倫」などといわれてきたいわゆる人文学は学問ではないということになってしまう。

ブダペスト宣言のだいぶ前から、科学のあり方について積極的に発言してきた研究者がいなかったわけではない。唐木順三はその『科学者の社会的責任についての覚え書』（筑摩書房、一九八〇、ちくま学芸文庫、二〇一二）で、物理学者たちが「真理の探究」と核兵器開発とのはざまで悩み迷走する姿を描き出している。物理学と生命科学の違いはあれ、「真理の探究」という価値判断を排除する知的作業と、「責任」という倫理観、あるいは価値判断の間の葛藤という点では同じである。本シリーズでは、「現代」という時代に焦点をあて、生命科学の立場から社会にとっての学問のあり方を考えてゆきたい。

学術とは何だろうか？

学問が細分化の道を突き進んでいることは先にも書いたが、人間の知的活動の歴史を振り返ってみると、学術という活動もまたその一部であることがわかる。学術とは、「体系づけられた知識と研究の方法の総体」である。その主体は研究を生業とする職業研究者である。そしてその発祥はおそらく、古代エジプト、メソポタミアにまでさかのぼる。学術により生み出された知をここでは「学知」と呼ぶことにしよう。

しかし人類が作り出した知の多くは学術には組み込まれてはいない。たとえば、農業従事者がもつ耕作暦や栽培に関わる知識や知恵、料理人がもつ料理に関わる知識、芸術家の作品制作に関わる知識、交通ルールやモラル、習慣など多岐に及び、またその量も学知よりも大きい。これらの知は最近では「伝統知」「地域の知」などの語で呼ばれることもあるようだ。学知と伝統知をあわせて「知術」と呼ぶこととして、人類の知的活動にはこの知術以外にも身体技術、芸術の三つがある。これらをここでは「三術」と呼ぶことにする。欧州では、三術は、ギリシアの時代からおそらくはデカルトのころまでは一体のもので、三術のすべてに長けた個人も存在した。たとえばレオナルド・ダ・ビンチは優れた科学者であるとともに芸術家であり、さらに技術者の素養も持ち合わせるマルチタレントであった。日本でも過去には同様のマルチタレントがいた。たとえば空海は真言密教の体系を完成させた哲学者・宗教家であり、また同時に文人、書家でもあった。さらに、各地で土木工事の指揮をしていたとも伝えられるから、その意味では当代随一の技術者であったともいえる。

三術は、どれも人類の福祉のために生まれ、発達してきた、人間に固有の知的創造物である。学術もそのひとつであったが、蓄積された知が巨大化したことにより研究分野は細分化していった。そしていまではその内容のすべてを理解できる個人は存在しない。そしてそれにより、「人類の福祉に貢献する」という学術がもつ究極の目標が見えにくくなっていることは否めない。

こうした知の体系の中で、生命科学という知術が地域の人びとの生き方や暮らし方、さらには人類の福祉にどのような貢献ができるか。それらの知は、どのようにすれば社会の中でうまく生かすことができるのか。あるいは阻害するものは何であったか。本シリーズではこうした問題を順次取り扱うことにする。具体的には、いわゆる縮小社会の到来とその影響、DNA鑑定の諸問題など、生命科学の成果の社会還元にかかわる問題を順次取り上げてゆくつもりである。

本シリーズ各巻の構成

本シリーズは、社会が抱える問題に解決の糸口を指し示す意図から企画された。各巻は、それぞれが生命科学に関わるひとつの問題群を取り扱う。最初に、問題群の構造を明らかにし、その全容を理解するために問題にかかわる研究者や当事者たちが集って討論した。各巻の巻頭等にはその討論の様子を載せてある。これにより読者は、それぞれの巻が扱おうとしている問題群の全体像を改めておさらいすることができよう。

本論では、討論で整理された問題群を構成する個別の問題のいくつかを深掘りするかたちで論考を準備いただく構成になっている。こうすることで、読者のみなさんには、読み進めるうちに問題の全容を大枠で理解しつつ、さらに個別の問題を深く理解してもらえるようにデザインしたつもりである。

本巻では、資源管理のありかた、ことに海の資源の取り扱い、それも資源量の推定や資源管理のあり方を巡る問題を問題意識として取り扱う。海の資源を巡っては、とくに「国際社会」から日本は厳しい目を向けられ、日本人の食が細りつつある現状が見て取れる。いったいその背景にあるものは何だろうか。

目次

［第2部］

序論　海の資源の持続的利用を考えるために

石川智士

サンマは謎の多い魚?

最近、海の資源をめぐって世界が騒がしい。この数年は、秋の味覚として有名なサンマの不漁が続いていたが、二〇一八年は豊漁であった。実は、サンマの資源は五、六年前までは、日本の漁獲量に比べて豊富であるとされ、サンマは数少ない資源に余裕がある種の一つであった。この数年の不漁は、日本の漁場(排他的経済水域)外で、外国の漁船が大量に漁獲するためと説明されてきた。青魚などに豊富に含まれる不飽和脂肪酸が健康に良いというキャンペーンが功を奏し、中国内陸部をはじめとするアジア各国でサンマが食べられるようになったことがその背景にある。しかし、二〇一八年も同様に外国漁船による漁獲があるにもかかわらず、サンマは豊漁であった(二〇一九年は一転して、記録的な不漁が伝えられている)。

「サンマは謎が多い魚なんです」というのが最近の説明だ。これまで、サンマの群れは、八月に北海道・道東沿岸に来遊し、季節を追うごとに南下して、一二月頃に房総沖まで移動する傾向があった。最近では、海洋環境の変化からか、群れの南下が少なく、漁期最後まで北海道沖にとどまることも少なくない。このような群れ行動の変化を加味すれば、「サンマは謎が多い魚です」との説明も、あながち否定できない。しかし、サンマのように昔から馴染み深く、また、沿岸で産卵する魚種であっても「謎が多い」とするならば、我々人間（この場合は日本人）は、どの位普段利用している水産資源について知っているのだろうか？また、現在の我々が有する科学的知識はどの位水産資源の持続的利用に役立つのだろうか？海の資源利用について思いを巡らす前に、科学的知識の現状を再確認する必要があるだろう。

漁業をやめれば魚は増える？――生活における科学的知識の現状

海の資源の持続的利用に向けて、「科学的知識の現状を再確認する」とする場合の確認すべき「現状」には二つの意味がある。一つ目は、科学としてどのような知識が生産されているのか？という学術の分野における現状と、二つ目は、社会の中にどれだけ科学的知識が認知され、また、活用されうるのかという社会的側面から見た現状である。この二つの現状を見比べるときには、学術界における知識生産とその知識の社会実装との間にある時間差について、気を付ける必要がある。どのように優れた新事実・新理論であっても、それらが社会に認知され、人びとに常識として受け入れられるためには、長い時間がかかる。まして、それらが実社会において活用されるまでにはタイムラグが発生することは避けられない。しかし、最近では、学術分野の細分化が進行しており、異なる分野間での（お作法ともいうような）常識の差が、新たな知識の普及の障害となっている場合も少なくない。社会的には、インターネットやＩｏＴ技術の発展から生まれる世代間、地域間における情報へのアクセスの不均等は、社会における知識・情報の不均等を生み出しかねない。

海の資源に関するこのタイムラグから生じている大きな問題としては、海の資源喪失の元凶がいわゆる獲りすぎ（乱獲）にあるという考え方が広く普及していることだろう。獲りすぎが資源に悪影響を与えることは確かであろうが、すべての海洋生物の資源減少が獲りすぎであるとするのは、現代科学から見れば常識からずれているといわざるを得ない。これは、かつて人はアフリカをはじめとする世界各地で野生生物を乱獲し、絶滅もしくは個体数の激減を招いた経験や、海においてクジラをはじめとする多くの生物が人間によって絶滅の危機に直面する事態を招いたことのインパクトが強すぎたことによるものと思われる。

現在でも、マグロ類の資源管理に関しては、獲りすぎによる資源悪化が最大の懸案事項であろう。このため、持続的利用に向けた、もしくは保全に向けた活動の主軸は、防ぐために捕獲禁止などの規制を強化し、同時に生息個体や生息域を把握して保護する活動が中心的に展開されてきている。陸上生物の場合は、個体数が減少した保護対象種を保護し、その利用規制の効果を検証することができるかもしれない。しかし、個体数を正確に把握することさえ難しい海の生き物となると、陸域と同じ取り組みが同じ効果を生むとは限らず、規制の効果の検証も難しい。

また、そもそも獲りすぎが資源減少の主要因であると断定することさえ難しいこととするのが最近の学術的な見解である。一度に生まれる子供の数が限られているクジラや産卵から成熟個体になるまで数年を有するマグロ類など、再生産速度が極めて遅い（増殖率が低い）生き物の場合、獲りすぎは絶滅や資源減少の主要因となりうるだろう。一方で、生まれてから半年から一、二年程度で成熟し、一尾のメスから一回の産卵で数千から数万の卵が産まれる種においては、産卵場や生育場の環境変動から生じる生残率の低下が資源悪化の大きな要因となる。資源管理を完全に否定するわけではないが、別の言い方をするならば、利用をどんなに厳しく規制したとしても、産卵場や生育場の環境が悪化してしまえば、資源は激減してしまうということである。産卵場の環境は、産卵期の天候や気象条件によっても大きく変わる。このため海洋生物資源は、もともと極めて変動性の高い資源であるとされてきたのである。持続的な利用を本気でめざすならば、漁業資源のモニタリングをしながら極端な乱獲を防ぎ、同時に環境保全を進めなければならないのは明白である。この両者の連動がないことは大きな問題である。

クジラやマグロなど増殖率が低い種とイワシなど一尾から数千・数万の卵を生む種の比較で話を進めてきたが、その中間の種はどうなのかと疑問を持たれる方もおられるかと思う。生息個体数や増殖率から考えれば、タイやヒラメなど、沿岸の岩礁や干潟など特定の生息域を必要とする種がその中間的な種となるかと思われる。しかし、タイやヒラメなどでも、一度の産卵で数百以上の卵が産まれ、それらの卵や仔稚魚の生残率は、気象条件や環境の安定性に大きく左右されることを考えれば、イワシ型ととらえられるだろう。

クジラやマグロなどとその他多くの海産物の比較においては、一尾あたりの価格の違いが、資源のあり方にも違いを生む。一尾が数百万円から数千万円となる高価な生き物ならば、世界中を探し回って捕獲することも産業として成立する。このため、その対象種の個体数はそのまま資源量となる。一方で、一尾数百円にしかならないイワシやサンマなどの魚類の場合は、遠く離れた海に大量に生息していても、往復の船の燃油代がかかりすぎてしまうために、実際には漁獲対象の資源にはなりえない。市場における価値評価が資源のあり方を規定する側面があることも、産業を通じて海の資源を利用する場合には忘れてはならない。個体数の把握や変動を種単位や個体群単位で追い求める学術的取り組みと、産業としての資源量の変動は、必ずしも一致しないことは社会の中の科学をとらえる場合に重要な視点となる。

文化の違いから生まれる異なる資源観

資源という語はこれまでこの立場からはもっぱら「量的」な関心から議論されてきた。別の言い方をすると、これまでの資源論は、たんぱく質の量でその価値を論じてきたように思われる。しかしここ何年か、海の資源をめぐって異なる文化を持つ人びとの間での対立が深まってきているのを感じる。たとえばクジラやイルカの捕獲をめぐって、異なる文化を持つ社会の間での自然観や資源観を巻き込んだいわば文明的対立の様相を呈している。よく考えてみると海の資源では市場価値に加え、文化的な価値、いわば「文化資源」の側面を踏まえることが求められているようである。市場の価値、文化的価値が資源のあり様までも変えるのであれば、この文化的側面から見た資源の価値に関する議論を避けては通れないだろう。

クジラやイルカの捕獲に関する国際的な論争に加え、マグロやウナギの資源減少をめぐる地域的・国内的な対立も表面化してきている。マグロやウナギの問題には、これらを食材の資源として認めつつ、その急激な資源悪化に配慮して資源利用をやめるべきとする保全的な考え方と利用しつつ資源回復を図るべきとする産業の対立、そして、資源悪化の主要因を取りすぎとする考え方と生息環境の劣化や地球規模で生じる気候変動に求める考え方の対立を見ることができる。

文化と価値のずれから生じる三つ目の課題は、地域内における資源と人の関係についてである。地域内における生業の違いから生じる価値観の違いがある。日本では二〇一一年三月の東日本大震災による甚大な被害を受けた。この災害の大きな特徴は津波による被害であった。津波は沿岸の資源や漁業者とその社会を襲った。その後の復興に関する考え方や取り組みの進捗には、同一地域における生き方ともいえる価値観の違いが表面化した。

変動性が高い海の資源を相手とする漁業者は、自らの知識と経験と勘を頼りに漁労を行う。沿岸漁業の場合は、一人もしくは世帯ごとの経営であり、どこで何を狙うかは各自の判断である。

その自由度と責任の所在の明確さは、漁業の魅力の一つであろう。また、漁業は、漁場も水揚げ場も自由度が高いことから、極めて移動性の高い生業であるともいえる。復興時に導入された漁労の協業化（複数の漁業者が共同作業として漁労を行い、利益を等分するというシステム）は、限られた漁具や漁船を多くの人で協力しながら利用する助け合いの姿が注目を集めたが、必ずしも定着はしなかった。その背景には、自由と責任を重視し、ある種の競争に価値を見出す漁業者の価値観があったのかもしれない。漁業者のみならず、海の資源を扱う人たちには、陸や都市に生活基盤を置く人たちとは異なる価値観があるのかもしれない。持続的利用に思いを巡らすときには、グローバルな地域差や価値観の差だけでなく、ローカルでの価値の差も、十分に配慮する必要があるだろう。

持続的利用には資源管理が重要であるという点は、陸であろうと海であろうと違いはないだろう。しかし、海の資源の場合には対象資源は無主物（漁獲された初めて所有者が決まる資源）であり、漁業者という直接利用する当事者が存在する。研究者がいくら管理や自制を求めても漁業者がそれに従わなければ意味はない。消費者の魚離れが、資源管理上望ましくないことがわかっていても、消費してもらうためには理屈で説得するばかりでは実はない。このように研究者の研究の成果を実際の社会に生かしてゆくには、新しい学問のあり方が必要になるだろう。

今知っておくべき海の資源の見方・考え方——問題の所在とその解決にむけて

巻頭の「はじめに」にも述べられているように、本シリーズの大きな目的としては、「生命科学の研究成果が、社会にちゃんと受け入れられるため」に、現代に焦点を当てて現状と課題を浮き彫りにすることがあげられる。そこには、科学や技術の持つ社会的な影響力が大きくなるにつれ、科学・技術は社会に対して貢献すべきであるとの考え方が広く受け入れられてきたことに影響を受けていると思われる。これまで全体的には「価値判断を排する」ことを条件としていた生命科学という学術分野の活動にも、本質的な改変が迫られているのだろう。

この「社会に役立つ」とか「社会の価値との関係性を踏まえる」という側面においては、海の資源、とりわけ水産資源をめぐる学術的研究は、一日の長があるように思われる。農学全般といえるかもしれないが、研究の対象が、そもそも人が利用する「資源」であり、その利用方法に関しても、もともと産業を基盤とした方向性であることが制限要因として付加されており、価値観と無縁であったことはない。海の資源の場合は、捕鯨の栄枯盛衰が油田開発などエネルギー革命と無縁でないように、クジラやウナギ資源をめぐる動向がグローバリゼーションや食文化の変化と無縁でないように、社会のあり方や価値観の変化と密に関係してきている。ただし、この海の資源をめぐる生命科学のあり方や特徴は、あえて語られることは少なく、社会の中での認知は低いだろう。

今回本書を取りまとめるにあたり、まず海の資源のあり方をめぐる座談会を開催した。序論の最初に述べた「生活における科学的知識の現状」と「多様な文化に紐づけされた価値観たち」という問題意識は、座談会においても話題となった視座である。特に、梅﨑・横山両氏との座談会「海と陸の生物資源を考える」（座談会2）においては、同じ食料についての学術研究に携わっている者であっても、陸と海、資源と人といった対象の違いから生じるもののとらえ方や考え方の違いを浮かび上がらせることができた。編集者による鼎談「不確実性の中での資源保護の将来像と科学のあり方」（座談会1）においては、東日本大震災による被害とその復興を通じて、不安定な自然と資源、その不安定さを基に作られた社会とシステム、その社会を支える実学としての水産学のあり方が語られている。第三章「震災復興とエリアケイパビリティー」と合わせて、お読みいただきたい。

海の資源はそもそも全容が見渡しがたい。むろん陸上の資源が見えるかといえばそうではないが、海の資源はもっと見えない。海は広いし、深い。海の資源の不安定性と不確実性という特徴は、その持続的利用に向けた大きな課題であろう。自然災害を抜きにしても、定常的に不安定性、不確実性とどのように自然科学そして水産学は向き合ってきたのか、また、今後どのような方向に向かうのかについては、本書の第六章「海洋における順応的管理とはなにか？」と第一章「マグロ資源管理について考える」をお読みいただきたい。

松田裕之氏の第六章では、管理に関する経緯や歴史と共に「順応的管理」について論じられる。資源の管理には資源量の推定やその精度の評価などによりさまざまな方法があるが、基本的な資源管理の流れは、漁獲量や漁獲努力量から資源量の現存量を推定する。その上で、生物学的情報含め再生産に十分な量の資源量を推定し、漁獲による死亡によって資源量が再生産に必要な量を下回らないように漁獲規制を施すというものである。この取り組みが成功するためには、再生産が過去と同じように起き、漁業以外による死亡もこれまでと同じ規模でしか生じない、安定した資源再生サイクルがなければならならず、そこには資源の不安定性や不確実性という感覚は見えてこない。一方で、松田氏は、対象資源の不安定性を踏まえ、資源量の推定は根源的に不可能という立場に立つ。その上で、今後の方向性として資源の絶対量（個体数）を基に漁獲規制を考えるのではなく、昨年度より多いか少ないかなどの質的に資源の変動をとらえ、その変化に対して漁業を変化させる順応的管理の有効性を主張する。同時に、松田氏は、ある魚種だけを見てその資源量を監視していても、その資源を捕食する別の種の個体数が増えるか減るかはわからない。つまり資源量の増減は一種の複雑系であるという生態学的視点の重要視を訴えている。

松田氏の理論は、とても明解であり、専門的な内容を素人でもわかりやすく解説している。しかし、この理論を現実社会に応用しようと思えば、知識伝達のタイムラグを含めさまざまな課題がすぐさま顔を上げる。森下丈二氏の第一章をお読みいただければ、国際的な資源としての重要性が高いマグロの資源管理について、国際的な合意形成がいかに難しいかを知ることができるだろう。また、その中で科学的知見や研究の成果がどのように利用されているかを見ることで、学術的な知識生産とその社会への浸透と利用のタイムラグならびに、立場の違いによる資源管理への考え方の違いを見ることができる。森下氏はマグロの捕獲をめぐるさまざまな議論に対し、科学的な知見や政治的、社会的な動きを総合的に紹介しながら、最後に「少品種大量消費ではなく多様性の確保をめざすべき水産業の未来の方向性の誘導灯」として、マグロ資源の保存の管理を管理すべきと結ぶ。この流れは、単一種の資源管理から生態学的アプローチへの変換を述べた松田氏の論と通じる。

森下氏の第一章が、マグロの資源管理に関する行政および国際交渉での自然科学の知識と現実社会のギャップを描いているというならば、商品として販売されるマグロや海洋生物資源と消費者の間の認識の差や価値の多様さを描き、そのミスマッチの解消と水産学の方向性を示しているのが、八木信行氏の第五章「水産物の流通消費と水産資源」である。そこでは、流通を含めた価値判断やエコラベルによる消費者と生産者およびその環境との関係性の深まりの重要性が述べられている。

海の資源管理の考え方を特徴づけたのは、やはり「クジラ」であり、海の資源と人間社会との関係を論じるときにクジラに関する論考は避けては通れないだろう。本書では、秋道智彌氏による第二章「捕鯨の思想を探る――論争を読み解く」を用意した。捕鯨の論争を通して見えてくる資源管理の課題や文化の違いから生じる管理の困難さと相互理解の重要性は、海の資源が有する「文化資源」としての重要性とその保全をも包含した論考は、いずれの資源についても参考にすべき点が多い。時代の違いや地域の違いからくる異なる文化に紐づけされた価値観、その差から生じる管理への姿勢の違いは、文化的価値観も時代と共に変化することを踏まえて考えることの重要性を示してくれる。

資源の利用制限よりも環境保全、特に産卵場や仔稚魚の生育場の保全の重要性とその保全行為がもたらす、利用者の意識変化の関係性を、日本発の考え方である「つくる漁業（栽培漁業）」の実例をもとに述べているのが、石川智士と伏見浩両氏による第四章「「つくる漁業」と食料安全保障」である。とかく対象生物の直接的利用の制限に偏りがちの資源管理に関して、環境保全の重要性を述べている海部氏の論は、資源の不確実性を踏まえての管理が必要とされる海の資源管理に欠かせない視点を提供してくれている。両氏の主張は、資源管理の批判ではない。現存資源量の把握や漁獲可能量の推定の必要性を認めつつも、その管理の手法を利用制限と自然増殖に任せるのではなく、種苗の放流や藻場造成など科学と技術を基盤とした積極的な人間の関与を肯定する。その背景には、単なる対象資源の増加に人間の関与の妥当性を求めるのではなく、直接的資源利用者およびその周辺の住民の資源とその資源を支える環境への関わり合いの強さ・深さが持続的な資源利用には不可欠であるとする自然と人間のあり方の主張がある。増殖事業に参加することで、資源管理の実効性や必要性の理解を深めるとともに、科学的知識の理解とその利用が促進されるとする考え方は、単なる資源管理の枠を超えた人と自然のあるべき姿を提示している。この生活と資源、資源と環境、環境と文化それぞれの関係性と関連性が地域社会を特徴づけ、その多様さと強さが社会の基盤となりうるとするのが石川・伏見両氏ならびに黒倉氏が紹介するエリアケイパビリティー（ＡＣ）という考え方である。このＡＣは、地域住民組織による地域資源の活用によって、住民生活が向上し、それによって身の回りの資源やそれを支える自然および社会への興味関心が涵養され、保全活動が実施されるとする活動の連続性を基盤とした地域住民と自然との関係性を表した概念である。これまでの資源管理が、利用者の義務と権利に必要性と妥当性を求めるのに対し、ＡＣでは、地域資源とそれを支える自然は人びとの暮らしとは不可分なものであり、その持続性には人の自然に対する寄り添い、見守り、手当というケアが不可欠であると主張する考え方である。

黒倉氏は、東日本大震災の被災地の一つ大槌町で、漁業者を中心とする社会がどのように復興をめざしたかを記す貴重な記録を紹介している。いうまでもなく被災も、またそれからの復興も、地域が主人公である。しかし、ひとつの地域に住む人びとの間でさえ、一人ひとりの思いのベクトルは決して同じ方向をむいてはいない。ときにそれは矛盾し対立的でもある。地域外の関与者の思惑も加わり、話は複雑化する。それら一つひとつの方向性を、ＡＣは、それぞれの地域資源を地域の文脈で多様に活用し、その活用をベースに住民組織が生まれ、資源を支える環境への配慮が生まれていくとする一つの道筋（可能性）を示している。これは、人と自然を不可分な共存関係というかたちから、その関係性を管理からケア（寄り添い、見守り、手当する）へと変える取り組みであり、グローバルな視点からだけの思考からは決して出てこない地域の力を引き出そうとするものである。異なる地域には異なる論理があり、また異なる生業の論理も働く。海の資源の変動性・不確実性と共に、持続的利用を考える際には忘れてはならない視座である。

不安定な社会、不確実性の中の科学

海の資源の場合には漁業者という当事者が存在する。研究者がいくら管理や自制を求めても漁業者がそれに従わなければ意味はない。消費者の魚離れが、資源管理上望ましくないことがわかっていても、消費してもらうためには理屈で説得するばかりでは実はない。このように研究者の研究の成果を実際の社会に生かしてゆくには、新しい学問のあり方が必要になるだろう。

本シリーズは、このような現代における科学のあり方、そしてこれからの科学のあり方を問う立場に立つのであれば、本書はどの中でどのような位置を占めるのか考えれば、それは「不確実性の中の科学」をどのように理解し、どのように利用するかという問いに対し、不確実性・変動性を有する海の資源の管理という具体的な事例から考察する役割を担っているのではないかと感じている。また、同時に海の資源の不確実性・変動性という特徴が、対象資源が有する生態学的特徴とそれらが生まれ育つ環境の変化によって影響を受けることを考えると、本書の「人類は海洋資源を制覇できるか?」という問いは、科学技術の利用によって人類活動が地球全体のシステムまで変えてしまうようになった現代においては、「人類は生き残れるのか?」と裏腹の関係にあるように思えてくる。

人類はさまざまな知識を生産し、それらを利用することで人口は増大してきた。一方で多くの生物が絶滅もしくは個体数を激減させる中、さまざまな地球システムがこれまでとは異なる反応を示してきている。地球規模での気候条件の大規模な変化が見込まれる中、政治や生活などさまざまなレベルで不確実性は確実に増大している。その中で、どのような科学が必要となるのか？それを現代に暮らす私たちは考えていかねばならないだろう。科学知識の生産から普及、そして利用までのタイムラグをどのように減らすかは、学術界だけでなく社会としての大きな課題だろう。不確実を包含しながら発展してきた海の資源管理に関する学術とその応用は、その具体例を示してくれるものと期待している。本書はこうした問題意識に立って、「社会と生命科学のあり方」のひとつとして編まれたものである。

第1部

座談会1◉　不確実性の中での資源保護の将来像と科学のあり方

黒倉　寿
石川　智士
佐藤洋一郎

◉海の資源のとらえ方

資源量の推定は可能か

石川　はじめに、本書におけるこの座談会の意味と位置づけを簡単に述べたいと思います。この座談会のテーマは、われわれは海の資源をずっと利用していけるのかということです。このテーマについて科学的なものと文化的なもの、それら両者の認識のズレをどういうふうに融合させていくのかを議論できればと思います。

水産資源管理は通常、資源、すなわち水産物の量に関して、データを取りモニタリングをして規制を強化する、という流れで行われてきました。しかし、はたしてそれで資源を持続的に管理できるのかというと、とても疑問です。タラやサケのように、単一の魚種、単一の資源を利用し均質化された大きな産業になっている漁業だったら可能かもしれませんが、日本の沿岸漁業は10トン未満

黒倉　寿

の動力船を使って年間300~400種の魚介類を捕まえる小規模な漁業が中心です。他の国を見ても、巨大産業化しているのはほんの数種類の魚だけで、多くは小規模な漁業が一般的です。

大規模な漁業ならば、グローバルな資源管理をめざして、サケやタラ、ウナギやマグロなどで行われているように、単一の魚種、単一の資源についてデータを集めて、科学的に分析するというアプローチをとります。これは、おそらくは非常に特殊な事例だと思われます。本来はいろいろな種類の魚介類をいろいろな形で利用することによって初めて、全体としての資源の持続性が担保されるのであり、このような現状と学問のズレに対して水産学は何をやれてきたのか。それを議論したいと思います。

黒倉　歴史的なことを言えば、僕が学生の頃に習った資源学は、まだポピュレーション・ダイナミクスのように個体数の変動を調べようという生態学的な感覚が強い時代ではありませんでしたが、それでも資源量の推定から始まっていました。その前提として、資源量が推定できるということがありました。生態学的な知識などが蓄積され、資源量の推定が精緻化していきました。しかし結局のところ、その推定は事実によって裏切られてしまいます。その結果として、1980年代ぐらいから、考え方が大きく変わります。そういう推定をやること自体に意味がないのではないかという疑問が生じてくるわけですね。

石川　1970年代の後半から1980年代にかけて、「フィードバック管理」という概念が出てきた頃ですね。

黒倉　はい。捕鯨の話などが契機になったと思います。コンピューターを駆使できる時代になって、情報がリアルタイムにやり取りできるので、何らかの「指標」を決めて、その指標の増減を調べ、その変化に対応してふさわしい管理手法をとる、という「順応的」な考え方に変わってきました。現在ではこの方法が主流になっているのでしょうか？

石川　いいえ。いろいろな国際委員会でデータを集めて資源管理しようというときに基礎になっているのは、「ハーマン・デイリーの三原則」というものです。この三原則の第1条は「再生の可能な資源に関しては、その再生産力を超えないように利用すべきだ」というもので、資源量は推定できるという理念が背景にあります。

佐藤　それは、「資源」という言葉そのものが持っている意味なのでしょう。資源という言葉の中に、推定可能、あるいは有限という意味が含まれている。そもそも資源という語はきわめて文化的な語で、多分に価値判断を含みます。たとえば「土地」は、農耕社会には資源たり得ますが、遊牧社会にとってはまったく無価値です。農耕社会にあっても、明確な推定可能性や有限性という概念は少なくとも近世までの人びとは持っていなかった。

たとえば、奥山というのは推定できない世界です。推定できないから魑魅魍魎（ちみもうりょう）になるわけです。海にも――私は和歌山の出身なんですが――「補陀落渡海（ふだらくとかい）」という思想があって、紀伊勝浦から沖合に行くと、そこはもう別世界。つまりあの世になる。そこはもう無限の世界、測れない世界なので、そもそもそこにどれだけ魚がいるかとか、それが資源だとか、そういう発想そのものがない。資源という発想がないから、推定という考え方もない。

黒倉　そうですね。資源ではなく、神様がくれるものというか……。

石川智士

自然からのギフト

黒倉　だから、定量的な何かがあって、それを計ったうえで分け合うという感じとはちょっと違うと思います。

石川　いま佐藤先生が言った「奥山」、そういえば最近ほとんど聞かなくなりましたね。「里山」は聞きますが、奥山という言葉は聞かない。

佐藤　僕は、その理由は人間の傲慢だと思っています。つまり、自分がいる所を「中心」ととらえ、そこから一定の範囲にあるものが里山です。見える範囲、あるいは1日のうちに行って帰ってこられる範囲です。それを超えると奥山になって、そこは無限の空間なんです。それがなくなった最大の理由は、IT化やグーグル・アースの出現などで、見えない世界がなくなってきたことだと思います。

黒倉　見えないものをどうシェアするか、という意味では、いまとは全然発想が違いますね。

佐藤　そもそも、われわれは自然を理解して活用できるという世界観を持つか、それともそういうことははじめからできないんだという自然観に立つか、ということではないでしょうか。

黒倉　水産に関していえば、資源学的な発想ができるのは、かなり産業化した漁業だけです。産業化していれば、そういう考え方をしても不自然ではありません。でも実際に、ローカルな人たちがやっている漁業で考えたときに、資源学的な考え方が適用できるのかどうか。彼らの努力よりも、外側の変動の影響のほうが大きいわけです。それに身を任せて生きているのだから、どこかからの、あるいは誰かからのギフトといった発想になるのでしょう。それは自然ですよ。

佐藤　くださりものになってしまう。

黒倉　ところが、それをどう分配（シェア）するかという話になるから、ダニエル・ポーリーとかマームといった学者が、資源学的な警鐘を鳴らすわけです。資源が減っているから何とかしないといけないということです。その場合、すぐ出てくるのは、資源量を推定して総量として分配するという発想です。いわば、あらかじめ「私物化」してしまう。

漁獲割当制度（ＩＴＱ）というのはそういう発想です。経済学者は比較的ＩＴＱ寄りの人が多いですが、社会学系あるいは漁業系の人は、ＩＴＱ的な発想、つまり経済行為としてのインセンティブを演出することには意外に否定的です。

佐藤　もっと直観的なんですね。

石川　でも、直観的にものを大事にして制度をつくるというような風習が、西洋にはあまりなじまないような気がします。そういう発想があれば素敵ですが。

佐藤　すぐに思いつくのは、プレ・キリスト教の、たとえばケルトの人たちの世界観でしょうか。ケルトの世界を研究している人たちの話を聞くと、その世界観にはわれわれ日本人の世界観と非常に似たところがあると思います。

石川　捕鯨も9世紀頃にノルウェー、フランス、スペインで始まっていたとされますが、16世紀頃までの捕鯨は浅瀬に鯨を追い込んで解体する方式で、日本の古式捕鯨に近いものでした。18世紀以降の鯨油だけを取るというのではなく、海の宝として満遍なく全部使うというような思想があったといいます。

獲り過ぎは絶滅を招く？

石川　クジラやマグロなど特定の資源を除けば、魚は獲り過ぎると絶滅してしまうというダニエル・ポーリーらの意見は、僕はすごくナンセンスだと思っています。本当に獲り過ぎだけで魚を絶滅させたことがあるのでしょうか。クジラなど再生産能力が低い種や、ある種特定のシンボリックな種ではその危機があったかもしれません。しかし、本当に獲り過ぎで魚を絶滅させられるとしたら、外来種問題などは起きていないと思います。ブラックバスやブルーギルなどを特定外来生物に指定して、みんなでよってたかって絶滅させようとしましたが、この20年間、ずっと増え続けています。人間が獲ることだけで、そこにもともと適応している特定の生物を絶滅させることの難しさは、逆に外来種の問題が教えてくれているように思います。絶滅リスクについては、漁業以外の要因、たとえば埋め立てで沿岸を潰してしまうことなどによる生息地(ハビタット)の消失のほうがリスクは大きいのではないでしょうか。

佐藤　似た話はシカでもよく聞きます。いま、日本国中でシカが増えて獣害が起きて困っている。何とかしないといけないということで、いろいろな方策が出てくるわけです。その中に食べればいいという方法がありますが、食べることでシカの数をコントロールすることができるという人と、そんなことでは絶対にコントロールなどできないという人がいます。そのコントロールなどできないという意見と、いまの石川さんの話は合っているのかもしれない。つまり、人間がちょっと何かしたぐらいでは、個体数は変動しない。

黒倉　空間のスケールの大きさの問題で大きな誤解が生まれているように思います。今度、食糧危機についての講演会で、魚の資源枯渇の問題について話をします。そのタイトルを「魚が取れなくなることは大問題か」としました。魚が獲れなくなったことが、本当に大問題になったことが歴史のなかであっただろうか。あったとしたら、それはどういうシチュエーションだったのか。そういったテーマについて、何人かに訊いてみました。すると、そういったことがあったという人がいました。たとえば、カナダのエスキモーたちがクジラを獲って暮らしていますが、アメリカの捕鯨船団がその沿岸のクジラをまるごと捕獲してしまったために、エスキモーたちは資源枯渇にさらされた、という話を聞かせてくれました。

そのような、きわめてローカルな地域で資源が取れなくなって、悲惨な思いをしたという例はたぶんあります。しかし、それは大きなスケールの問題ではありません。限られた地域にある種の資源利用者がいて、その人たちは自分の資源だと思っていたところが、その状況がいつの間にか変わってしまう。こういう状況ならば、自分たちが恵みとして利用していた資源が使えなくなって、それをどうするかというシリアスな問題が確かに起こる。しかし、そのことはグローバルな資源の枯渇という問題とは、全く違います。

佐藤洋一郎

佐藤　つまり、局地的には資源がなくなるけれども、グローバルで見るとあまり変わっていないということですね。

石川　日本の食料自給率の話ともちょっと関係します。日本の食料自給率は30％台（カロリーベース）でこのままでは危ないとよく言われます。食料を輸入できなくなったらみんな飢えてしまうと。確かにそうかもしれないけれど、これはナンセンスな話だとも思います。現在の日本は食料だけでなく、世界の中でつながって初めて存立している国ですよね。

代表的な農業国であるブラジル、アメリカ、オーストラリアなどから日本にものが入ってこない状況とは、どんな状況なのか。具体的に考えれば、ほぼ戦争状態でしょう。もうそのときには食料が云々といっている状況ではなく、もっと違う大きな問題が起きているはずです。食料自給率を上げる政策を行って日本の食料を量的に満たせばいいという議論は的外れになる。そんな状況にならないためにはどうするかを考えるべきです。そうすると、ただ単に日本の生産量がどうというよりも、世界的なある一定の地域での生産量や消費のバランスを考えていくべき時代になってきたのではないでしょうか。

黒倉 大きなスケールで見れば、結局、市場経済の中での比較優位なものが勝利することになる。ただ、そのプロセスの中でローカルにいろいろな問題が起こるので、そこを政策的にどうするのかという議論が残っている。

佐藤 理論としては理解しますが、疑問が残るのは、エネルギーの問題です。食料は腐るわけです。腐るから、たとえば冷凍するとかラップするとか、いろいろ手を尽くして保存する方法を開発してきた。一方で、人類はその歴史が始まって以来の99%ぐらいの期間は、身の回りにあるものを食べて生きてきました。地球の裏のものまで手に入れて、世界規模で輸出入しながら食べるようになったのはつい最近のことです。しかし保存や輸送にはエネルギーが必要です。エネルギーを食べることに使えるうちはいい。ですがそれがいつまで続くのかも考えておく必要があります。

石川 先ほどのアラスカのクジラの話は、「北極のジレンマ」といわれています。エスキモーたちがアメリカの乱獲でクジラが獲れなくなった後に何を食べたかというと、アメリカから来たハンバーガーなのです。それで、みんな成人病になりました。ビタミン不足にもなった。もともと生肉を食べることでビタミンを取ってきた人たちが、その食文化を奪われ、資源を奪われたことで、カロリーは十分摂取できるようになったけれども、それに併せて成人病と都市的な病気が発生してしまった。

黒倉 アラスカでは、クジラ漁の代替の産業がないわけです。

日本でうまくいった資源管理の例を考えてみると、秋田のハタハタは3年ほど禁漁を行って、資源回復に成功しました。[*] どうしてそんなことができたかというと、ハタハタが取れなくても地元にとっては大きな問題ではないからです。だから禁漁に合意できた。それから由比のサクラエビ。サクラエビのプール制[**]はなぜ可能だったかというと、もともとシラス網を引いているからです。サクラエビ漁は、春漁と秋漁があるとはいえ、漁が行われるのは一年のうち限定された数カ月だけです。そういう意味で、合意のしやすさがありました。

石川　サクラエビの場合は、他の地域にこれといった産地がないのです。由比でしか取れません。ハタハタもそうだと思いますが、他の場所で同じような漁ができると、禁漁中に市場を奪われてしまいます。サクラエビもハタハタも地域ブランドとして確立しているので、秋田や由比のような主産地で漁をやめれば供給量がぐっと減る。だから漁を再開しても、すぐまた市場に戻っていけるという強さがあったのではないでしょうか。

黒倉　佐藤先生がおっしゃった、身の回りのものだけを食べている状況から、よそに売るとかよそから買ってくるという状況への変化は、まさにいまの話が関係しています。どこかの市場で他と競合していたら話は違ってくる。こういうことは資源管理の議論では意外にテーマになりにくい。

＊秋田県の漁業者は、激減していたハタハタの資源回復を目指して、漁獲量が激減したことから平成4年9月から自主的に3年間の全面禁漁を行った。この結果、平成3年には70トンであった漁獲量は、平成20年には2938トンまで回復させた。ハタハタの資源回復の背景には、禁漁と解禁後も県独自の漁獲可能量制の導入ならびに沿岸の環境整備など多面的な取り組みが功を奏したとされている。なお、資源悪化に関しては、乱獲と同時に主要な産卵場の埋立が影響したともいわれている。

＊＊サクラエビは、国内では駿河湾のみで漁獲される。サクラエビ漁は、すべての漁船が一緒に漁に出て、漁業が定めた協定を守って漁獲調整を行い、水揚代金を全船均等に分配するプール制を50年にわたって続けている。この制度によって、サクラエビの販売価格は主に漁業者によって決定できる仕組みになっている。

◉資源と価値

われわれは名前を食べている

石川　ブランドというか、われわれは一体何を食べているのかという話だと、わかりやすいのはウナギでしょうか。ウナギの養殖の開始は鹿児島だったら3、4月。浜名湖だったら2月ぐらいです。そこまでにシラスの池入れをしないと、出荷できるサイズになるのが夏の土用の丑の日に間に合わないのです。それを過ぎてしまったら、大きくなっても値がつかない。

佐藤　でも、この頃ちょっと変わってきてませんか？　山田洋次監督の『男はつらいよ』シリーズの中で、寅おじさんがこんな台詞を言うシーンがある。「ウナギなんていうのは1カ月か2カ月に一度、何かあったときにみんなでわいわい言いながら食ったもんだ」と。ウナギというのはそういうものだった、庶民にとっては憧れの対象だったと。ところが、いまでは大手外食チェーン店がうな重をメニューにしている時代です。あんなふうに数百円で毎日食べられるようになったら、ありがたみがない。

黒倉　僕の学生でウナギ屋さんの娘がいて、その学生が文献的なものからアンケートや意識調査までいろいろ調べてくれたことがありました。その結果によると、ウナギは江戸時代に商品としてできたときに、もともとそういう二面性があったみたいですね。屋台の大衆ウナギと、吉原帰りにちょっと寄るような高級ウナギ屋という二つの面。

佐藤　昔からあったんですか。

黒倉　それが明治になると、高級路線が強くなって、料亭で食べるような料理になってしまう。ところが、戦後すぐに「登亭」が出てきて100円ウナギをやるんです。ウナギの大衆路線の復活ですね。それがどんどん発展してきて、中国からの輸入ウナギがスーパーで売られるようになっていく。一方で高級ウナギは近年とみに旗色が悪いわけです。だからそのウナギ屋の娘は、高級路線でいくか大衆路線でいくかというおやじの悩みを知ってるわけです。その家族にとっては、あのウナギの微妙な高級感はきわめて悩ましい問題だったのです。

佐藤　なるほど。そういうふうに考えると、日本人にはそういう食べ物が実はたくさんあります。米もそういう面を持っている。米は毎日食べる普通のものだと思うけど、われわれは何を食べているかというと、「コシヒカリ」なのです。確かに米は米ですが、どの米を食べるかということになると、米を食べているのではなくて、コシヒカリというイメージを食べている。だから、実際の味はわからないのに、たとえば魚沼コシヒカリのようなブランド米とそうでない米とでは、値段が全然違う。考えてみれば不思議なものですが、日本人はある意味では名前を食べている。

石川　だから産地偽装が成立してしまう。

佐藤　そう。味の違いはわからないのに。

なぜスーパーには決まった魚しかないのか

黒倉　だから、流通がすごく難しい。農林水産業の人が加工（2次産業）や販売（3次産業）も行う6次産業化ということがよく言われていますが、それは3次産業の人に生産者になれと言っているのではありません。生産者自身が売りなさいということですが、たとえば魚を売るというのは、まさに「ブランド」を演出することです。それを漁業者にやれといってもなかなかできることではありません。

石川　1980年代ぐらいからでしょうか。町の魚屋がどんどんつぶれていって、スーパーの中にどんどん魚が流れていくのですが、結局大手スーパーは鮮魚部門から撤退してしまう。規格化されておらず一律の評価ができないものを彼らは売ることができないので、出荷調整ができてグラム単位で量り売りできるサケとタラとマグロ、あとは干物と冷凍品くらいしか扱えないのです。

黒倉　だから、こだわっている人はそういう品揃えのある魚屋にわざわざ車で行って買うわけですが、先ほどの話のとおり、彼らは魚そのものではないサムシングを買ってるんでしょうね、きっと。

石川　魚屋がなくなったのは、日本の水産業においてすごくマイナスだったと思います。雑多なものを含めて、地場でその日に取れた魚を、店のおやじが見て判断するわけです。この魚はこう料理したらうまいとか、幾らぐらいで売れるとか。それは魚を知っていて、さらに近所の顧客のこともわかっていないといけない。

佐藤　たとえば地方で、漁協の裏のすし屋などに行くと、規格化されてない雑多な魚が転がっている。すし屋のおやじと仲良くなると、いろいろ説明しながらその場でさばいて握ってくれる。おやじはこの魚は食える、こいつはいつが旬でどうやって食ったらうまいのか、なども知ってる。だから、素人が行っても、うまいものにありつける。だけど、あのおやじがいなくなったら、たぶんその魚は「雑魚」として取引の対象にならなくなってしまう。そうやって、サケとタイとマグロしかなくなっていく。

石川　最初の話に戻りますが、資源というものは、それを利用する人がいて、その人たちがいてこその資源なんですね。いまは利用者側にとってという考え方が希薄で、単なるモノとして見てしまう。生物である資源をモノとして見てしまうので、本来守るべきものを見失ってしまっている。単なるモノとして、数量として見てしまうところに、資源管理の危うさがあるのかもしれません。

共有されるべき文化的価値

黒倉　守るべきものはおそらく二つあるのだと思います。資源そのものと、そのいわく言い難い価値というか、共有している文化みたいなもの。その共有している文化を守って、それをうまく演出していくことができれば、資源管理ももう少しやりやすくなるかもしれませんが、その部分の議論はないのです。

佐藤　魚の場合も山菜の場合も同じですが、生産者も消費者もそのネットワークの中で、それの価値がなんであるのかをちゃんと知っている。知っているということの意味は、見たことがあるとか名前を知っているということだけではなく、いつ取れていかに調理して食べるかまでセットとして知っていることが大事です。それが失われたときには、山海の珍味といえども何の文化的価値もないことになってしまう。とりわけ、海は見えないから余計にそれが強く現れてしまうのかもしれません。

黒倉　私もどちらかというと漁獲割当制度（ＩＴＱ）推進派だけど、やみくもにＩＴＱを推進しろという気はまったくありません。できるところはやったらどうですかというスタンスです。なんでもかんでもＩＴＱで解決できるのならば簡単なのですが、そうはいかないでしょう。

石川　もし何でもＩＴＱ的にやろうと思ったら、漁師は水産学者兼魚類学者にならないと無理ですよ。料理もできる水産学者で、さらに魚類学者で経済もできる漁師にならないといけません。

黒倉　だけどいままでは、「目分量」の世界で、そういう文化のようなものをトータルとして共有して、その価値を分け合ってきたんですよね。

佐藤　いままでは少なくともそうしてきました。ところが流通が大きくなると、常に一定量を確実にそろえてくれという流通サイドの理屈がでてくる。それは絶対にできない。そしてできないものは流通から抜け落ちていく。

石川　しかし、普通の消費者は、いつも決まったものを決まったクオリティーでそろえてほしいと思っているでしょうか？

佐藤　思っていません。絶対に思ってないですよ。

石川　僕も同感です。

黒倉　でも、少なくともスーパーの鮮魚売り場のおじさんはそう思っている。

石川　おそらく、普通に毎日違うものが並ぶ店だという理解がされていて、ちゃんと食べ方もわかるという店であれば、消費者は毎日同じものをそろえてくれとは言わないと思います。むしろ旬のものを旬なものとして季節ごとに変えてくれるような店がないから文化も廃れてしまう。

文化としての価値を演出する

黒倉　そういう意味では、どうやって、たとえばウナギで遊ぶとかいう、新しい遊び方みたいなものを演出できれば……。

石川　そこに新しいビジネスがあるような気がします。

黒倉　そういう遊びとセットにすれば生き残れる。つまり別のシーンをつくることになるわけです。

佐藤　そうですね。でも、そこまでしてこだわる人の数が減ってきているかもしれません。そもそもいまの若い人は、食べるものに金をかけない、かけられないという人もずいぶん多い。そういう人は魚を食べなくなっているような気がします。

黒倉　そうなんですよ。だから魚を買うときに、食べるだけではない楽しみを演出しないと駄目かもしれません。僕はリタイアするまで必ず研究室で魚のさばき方を教えてました。包丁を渡して、三枚におろして刺身を作ることをやらせたりして、僕の実習が終わったら、アジ切包丁ぐらいは買って楽しんでくれよって言うんだけど、なかなかやらないね。

佐藤　いまの人はやらなくなってますね。どうしてかというと、その若い世代の親たちが自分で魚を料理しなくなってますから。親が魚を料理してるところを見ていないので、子どもは当然やらない。この世代に魚のさばき方を教えるのは、すごく大事だと思います。

石川　魚を包丁できれいにさばけると格好いいという文化をどういうふうに広めるか。魚をさばける男はモテるとか、けっこう重要じゃないかなという気がしています。

佐藤　それは賛成。地方創生と組み合わせて、田舎に行ってうまいものを食べるだけではなくて、自分でも料理するような、そういうコースを作りますか。

石川　格好いいと思いますよ。女の子には絶対ウケると思いますけど。

佐藤　魚をおろすのは、女の子には難しいですからね。特に大きい魚は難しい。タイの骨を落とそうと思うと、やっぱり力がいりますから。

石川　一大イベントですね。僕は海外に住んでいたときに、刺身を食べたくなったら、魚を丸ごと買ってきて、自分でさばいていました。メバチマグロを1匹買ってきてさばいたりしました。1匹さばくと大体1週間か2週間ぐらい食べられますが、1日仕事の肉体労働でしたね。でも、ものすごくイベント性が高いというか、面白いしドキドキするし、その感覚はもっと教えてもいいのかもしれません。資源管理や経済については、眉間にしわを寄せながら議論をするのも重要かもしれないませんが、その一方では大きな魚をさばく楽しさみたいなものをもっと伝えたいですね。

黒倉　そういう新たな文化を創出することによって解決が見えてくるものがあるかもしれません。たとえば、私は最近あるプロジェクトで、海の生態系サービス、つまり人類が生態系からどれだけ有形無形の利益を受けているのかの価値計算をしてほしいと言われました。文化的な部分も含めて、価値を表現してくれと。これはかなりの難問です。それで、あるとき思いました。経済において価値といえば、交換価値に決まっています。交換のないところに価値はない。

石川　経済学の基本ですね。

黒倉　そう。ところが、海の生態系サービスでは、さきほど話題に挙がったように「神様からのさずかりもの」というとらえ方をすると、交換をしていないわけです。一方的にもらっている。そうなると、仮に生態系サービスに感謝して誰かにお金を払うとしても、それは交換価値として払っているのではないことになる。神社にさい銭を投げてお願いをするときに、さい銭の金額に見合って神様が何かしてくれるとは思わないでしょう。そんなしみったれた神様は嫌じゃないですか。それをあたかも交換価値的に説明しようということ自体が、方法論的に間違っていると考えたのです。やるのなら、人が幾らさい銭を放り込むかということを研究しないといけない。

佐藤　それはすごくいい視点かもしれません。農産物のように規格化されて、予定調和的にいつまでにはどれぐらいできるかがある程度わかる食料生産システムの場合には、経済としてお金に置き換えやすい。しかし、神からのさずかり物であればそれは難しい。

黒倉　そういう点を考慮すると、経済学では解けない問題が意外に解けてくるかもしれない。そのあたりは、くちばしを突っ込む余地がある。

石川　資源管理というけれども、なんのために資源を管理しようとしてるのかを改めて考え直したほうがいいようですね。

佐藤　単に科学技術の問題というだけではなくて、資源管理そのものの価値をどう見るか。さきほどの石川さんの言葉のように、東洋人はあまりそういうことをしたがらないようなところが確かにあると思うので、真剣に考えてもいいかもしれない。

感覚的なもので資源を守る

黒倉　この話はアメリカ人の資源学者には通用するでしょうか？

石川　資源はどうあっても管理すべきなのだという人は絶対いると思うし、その人たちは頭を変えないでしょう。しかし、管理を超えた何か違うあり方を考えるべきだということについては、西洋的な学問スタイルの人にも理解されると思います。

黒倉　民俗学系や社会学系の人は、どちらかというと、ＩＴＱのように交換価値を計算して、先行投資をすることで合理性が生まれるというような発想に対しては否定的ですね。

石川　いまカナダで、ししゃもなどの資源管理をやっている現地の人類学者と一緒に仕事をしていますが、彼らは現地の漁業者も含めて、感覚的にわれわれに近いです。資源量の詳細についてはわからないけれども、見れば資源の状態はわかるし、暮らしてみれば資源量の増減がわかるという感覚があります。資源管理が重要なんだという議論をするときには、何平方メートルあたり卵が幾つ取れるから漁獲量を何キロまで増やしていいという議論はむしろ通用しません。そうではなくて、この湾全体が重要なのだと。面積や数ではなくて、彼らもある種の感覚的なもので守るべき対象（資源だけでなくそれを支える自然そのもの）を認識しているようで、そういう意味でいまの話も理解し合えるのではないかと思います。

黒倉　その場合に重要になるのは、空間的なものの共有でしょうね。資源が自分たちの管理下にあって、それをコントロールするシステムを自分たちが持っているという感覚です。

石川　先ほどの話のアラスカのクジラのように、よそから来た資本に全部持っていかれてしまうような資源だったら、それこそ「共有地の悲劇」になってしまいます。強い力が外からやってきて全部持っていかれるくらいだったら、自分たちで先に取ってしまおうという話になってしまう。

黒倉　そういう意味では、明治時代に前浜の資源に対する権利として共同漁業権を与えたのは、いい知恵だったかもしれないですね。

佐藤　世界の中でそれがどこまで通用したかわかりませんが、ひとつの知だったわけです。

黒倉　ヨーロッパのようなきっちりした契約があって、持ち分が幾らで、それを保障するということではなく、何となくそこの構成員であることが認められれば利用の権利が生まれるといった総有感覚でしょうか。

佐藤　契約という話になると、キリスト教社会と非キリスト教社会の差という気が強くします。日本には契約といった感覚はそぐわなかった。みんなのものだから、後ろ指をさされないように、あまり自分勝手なことをしてはいけないといった非常に質的な管理をしていたのです。

質的な価値(サムシング)は無駄から生まれる

石川 いまの若い人は、食べることに対する欲求がすごく低い。毎月3万円を携帯電話代に使っても、食費は1万円というような生活です。携帯はなくても生きていけますが、食べるものがなければ生きていけない。しかし彼らに食文化は大切だといっても、たぶん理解してくれません。

黒倉 文化って無駄遣いなんですけどね。社会には、ときどき無駄遣いをする人がいないといけない。

佐藤 無駄といってもいろいろあって遊びの部分が必要です。まだ食べられるものを捨てるような本当の無駄と、これはひょっとしたらうまいかもしれないから、ちょっと余分に買ってみようというような無駄と、同じ無駄ですが意味が違う。無駄遣いをするなという言葉には二面性があって、変な意味で使われてしまうと文化的には問題です。

石川 1本1万円のウイスキーと3リットル数千円のお酒があるときに、ただのアルコールとして考えれば、安い酒のほうが良くて、1万円のウイスキーは無駄なわけです。だけど、高い酒を飲んでみたいから、そこにチャレンジしてお金を払って、おいしいという感動を取るか。あるいは、それを無駄と考えるか。

佐藤 最初の話に戻ったわけだ。要するに、カロリーでもエネルギーでもお金でもない、価値(サムシング)を食べているということなんです。食文化にはやはりそういうところがありますね。

石川 数字やデータではなく、私たちは何のために成長しようとしているのか、何を豊かさとして考えるのか。私たち研究者はそこをもっと考えて、ちゃんと発言していく責任を持っています。

佐藤 そういう意味では、質的な価値に踏み込まざるをえないし、最終的には、「あなたはどうやって生きて、どう死ぬつもりですか」という問いになります。こういう暮らしで本当にいいのかと、若い人に問うてみたい気がします。

◉海の資源と地域

震災復興と漁業者の心理

石川　震災復興と科学と行政というテーマで少しお話ししたいなと思います。

黒倉　第三章でも詳しく書きましたが、東大で震災復興の援助をしようというプロジェクトが動いたときに、「小さなビジネスでも一つひとつ起こしていけば、一〇〇〇人規模の雇用がつくれるだろう」と言ったら、それがそのままひとり歩きしてしまって、東大は被災地の町に一〇〇〇人の雇用をつくるという話になってしまった。だけど、正直言って、うまくいきませんでした。東大は国立大学だから、自分でビジネスはできません。公的な資金を使ってビジネスをやるようなアンフェアなことは絶対にできない。だから現地の人たちにやってもらうしかないわけですが、提案はできますけれど、人を動かすのは難しかった。

語弊があるかもしれませんが、漁師の方たちというのは、意外に従順というか、あまり主体性がないと言ったらいいのか、自ら何かにチャレンジすることがあまりないですね。

佐藤　それは、東北だからということではなく……？

黒倉　そういう人は珍しくないし、日本人の一般的傾向だともいえるかもしれません。ただ、漁業者に対してアンケートをとると、曖昧で中立的な選択肢を選択する人の割合が、一般の人に比べて多いなという感じを持っています。確かに、海を相手にしているときには、自分の意志のとおりにはいかない。人間の浅知恵で何か新しいことを考えるよりも、前から決まったとおりやったほうがいいという、そういう知恵ってあるじゃないですか。

おそらくそういうことだと思いますが、漁師さんに新しいビジネスを始めてもらうのはとても難しい。震災復興の中で、沿岸部の開発などでも、すごく早いところと、遅いところがあります。早いところは、外部とのコネクションを持っていて、そこからノウハウを入れて、外部とつながりながらビジネスを展開していきますが、閉じた漁村の中だけでニュービジネスを展開するのは難しかった。

石川　僕は熊本で漁師さんと活動したことがあります。経営分析をすると、漁獲量が変わらなくても、流通を少し変えるだけで30％ぐらい増収になるのです。しかし、それを漁師さんたちに話しても「俺はそんなことやりたくない」となる。俺たちは獲るのが仕事で、売るのは仕事ではないんだと。収入が上がるのに、やりたくない。

黒倉　たとえば東京へ持っていって売ったら、もっと高く売れるんですよと言っても、自分たちはそんなことは考えていない、地元の人に安く供給したいだけなんだ、と。外部に商品を売ってもらうけるという発想がないんですね。

佐藤　それは不思議ですね。

黒倉　先ほどのギフトの話ではありませんが、利用権は自分たちにあるという感覚かもしれません。

異質な文化との利害共有を目指して

黒倉　東北の被災地でも沿岸部に住んでいた人たちの多くは高地移転をしませんでしたし、堤防も拒否していました。なぜ高地移転をしたくないのか、その感覚について想像をしてみました。単に漁業権という権利だけを考えれば、移転してもいいわけです。高台に住んでも漁の際に車で移動してくればいいのですから。ところが、彼らの感覚の中で、やはりそこにいるということが、そこのギフトを利用する権利を裏付けていると感じているのではないでしょうか。

佐藤　それはすごくよくわかります。ギャンブラーとしての「漁師」としては、「次に津波が来たらどうするんだ」と訊かれたら、「それはそのときに考えるしかない」と、心の底では思っているような気がします。

石川　津波は止められない。だから抗うこともないというような、普段から大きな自然に触れている人たちの肌感覚のようなものがあると思います。

黒倉　そうなってくると、一律に「安全」のようなことを言ってみても……。

佐藤　実にナンセンスなことになります。つまり、遊牧民を土地に囲い込んで、この土地をやると言うのと同じで、価値観がまったく違いすぎて話にならない。

黒倉　震災復興のときに、そういう文化的な議論があってもよかったと思います。今になって考えれば、お互いの異質性を認めて、相互に嫌悪感があっても、地域の人とわれわれ部外者が利害を共有していくべきだったのだと思います。その方が何かが生まれた。悪意はないのだけれど、つい、自分の価値観で予定調和的に相互理解ができると思ってしまう。

佐藤　文化というのは一律ではありません。にもかかわらず、あたかも一律なものとして考えて、特定の価値観がさも人類社会共同の価値観だと思ってしまう。「肉食は環境に悪い」など、その典型です。

黒倉　先ほどの遊牧民の話もそうですが、異質性を認めたうえで、異質な人と関係が作れないと駄目なのですね。

漁業と地域の多様性

佐藤　北海道に南茅部という、渡島半島の東の噴火湾に面した小さい町があります。そこで、ごく簡単に昆布の調査をしたことがあります。そのときに印象深かったのは、昆布漁をする人は、海が荒れて昆布が大量に打ち上がると、それを一気に集めて夜通し働いて、トラックに積み込んで函館に行って売るわけです。そうやってお金ができたら、その日はどんちゃん騒ぎしてみんな飲んでしまう、そういう暮らしをしていたと言うんです。つまり、こういう話と、もうけの理論のようなものは、ずいぶん違う。

石川　北海道は特別なんですよ。

黒倉　ビジネスとしての水産は、北海道では展開できていますね。

石川　そもそも開拓民として北海道に入った、もともと漁師ではない人が漁を始めて、はじめから札幌や函館、本土に売るという目的で漁業が発展してきた地域と、そこにもとから村があって、食料を自給するために漁業をやってきた地域とでは、大きく考え方が違うと思います。本州でも6次産業化を行っている場所は多いですが、もともと市場がなく、外部に向けて売らないといけないという背景がある場所が栄えていると思います。彼らが最初にやるのが出荷調整です。漁船のタンクをいけすに変えて、獲った魚は全部いけすに入れたまま陸揚げをしない。そうやって出荷調整をすると、すごくいい値段で売れる。

黒倉　漁師って昔は、父親が魚を捕ってきて、母親が売りに行っていたじゃないですか。女性のほうがビジネスに対しては積極的でチャレンジングなのではないでしょうか。

石川　四国の「はちきん」「土佐のはちきん」も同じですね。

佐藤　そうですね。「土佐のはちきん」という言葉があります。お父ちゃんは大きなことばかり言っているけど、実は気が小さくて、自分ではなんにもできない。誰が一家を養っているかというと、お母ちゃんです。それが「土佐のはちきん」なのだそうです。結局、お父ちゃんはばくち打ちなんです。漁に出る人もやはりそうです。天候が荒れたら漁に出られないし、ひょっとしたら漁で死んでしまうかもしれない。だから、お母ちゃんがしっかりするんです。

石川　さきほどの震災復興の話で新しいビジネスがうまくいかなかったというのも似たところがあるのでないでしょうか。漁を協業化するとプール制にして、出漁日数で収益を分けることになります。安定して定期的に漁に出られるからいいじゃないかというサラリーマン的な考え方ですが、このような協業化だと、どうも漁師町にはなじまないようです。

佐藤　漁師が本質的にはギャンブラーだというのはよくわかります。宵越しの金は持たないみたいなところがありますね。

石川　そのような文化の中で、資源管理のようなことは、どのようにすれば可能なのでしょうか。資源管理は、漁業者が協力しない限り、意味がありません。どんな制度、どんな仕組みを作ってみても、実際にそこで漁業をしている人たちがうまく使ってくれない限り、機能しません。

黒倉　自分たちの権利をうまく使って、最大利益が生まれるようなビジネスが展開できるかといったら、それは期待できない。

石川　経済学は人間が合理的にもうかるかどうかで判断をすることを前提としていますが、漁師にはそれが当てはまらない。経済学とは違う行動原理があるということを理解しないといけない。

黒倉　たとえば組合などで、女性が発言権を持つようになれば、また話は違うのかもしれません。ただ仮に協業化しても、得た漁獲物を利益にどう結び付けるかという工夫がないと意味がありません。

佐藤　しかし協業化すると、腕のいい漁師は面白くないわけだ。

石川　腕のいい漁師は漁業が産業化している地域に移ってしまったりしていますね。北海道で2～3年働いて、そこの組合員になってもう戻らない。

定住民と移動民の微妙な関係

佐藤　漁師には、そういう習性があるのでしょうね。日本列島の太平洋沿岸にいる人びとは、理由はわかりませんが、固有の遺伝子を持っています。南九州と南紀、伊豆半島や房総半島の南端あたりだけにみられる遺伝子があります。昔から不思議に思っていましたが、考えてみると、今のお話のようにいくらでも流動していく。いろいろな場所を転々として、飽きたりすれば次の場所へ移ってしまう。そういう人たちがいたと仮定しないと、ああいう遺伝子の分布にはなりません。

黒倉　そういうことが日本中にあったのかもしれません。浜松の舞阪町のお祭が面白いのです。あそこには浜名湖があって、海と山にそれぞれ神社があります。山のほうの女の神様が、海にいる男の神様の所にお輿入れするというのがお祭のストーリーです。山の人たちが定住しているところに漂海民的な人たちが流れてきて、そこで何らかの利害調整のようなことがあったと考えられます。その結果、利益の共有といった関係ができて、祭を共有したのだと思います。

佐藤　民俗学者の宮本常一が書いていますが、山口県のある島では男の旅人が来ると、適齢期の女性がいる家庭にその男を泊めてしまう。つまり、新しい遺伝子を外から入れているわけです。移ろう人びとは、そういう役割を持っていた。

黒倉　そういうふうに新しい移動漁民が来ると、対立が生まれるだろうと思われますが、必ずしも対立構造ばかりではありません。セネガルのサン・ルイというところはサン・テグジュペリが『星の王子さま』を書いたホテルがある町です。そのサン・ルイに移動漁民たちの集落があります。彼らはセネガル中に散らばって漁をするのですが、定住民側とある関係ができています。毎年、サン・ルイからどこか決まったところへ行って漁業をする。

佐藤　陸地では、それと同じ働きを遊牧民がしています。農耕民は定住します。定住すると、必要だけども手に入らない資材などが当然でてきます。たとえば、塩がそうでしょう。そういったものを遊牧民が持ってきて、穀物と交換する。もちろん、そのときの社会の力関係によって暴力的に取るときと、平和的に交換するときとあります。いずれにせよ、農耕定住民は、一方では遊牧民をよそ者扱いして嫌な目で見ていますが、彼らがいないと暮らしが成り立たない。農耕民と遊牧民の関係はそういうものです。嫌いなんだけれど、いてくれないと困る。

石川　カンボジアのトンレサップ湖というところでは、昔から漁業はベトナム人がやっています。定住しているチャム人はずっと農耕民族です。しかし、魚は自分たちの文化として取り入れています。これも似たような感じがあります。13世紀の中国の僧侶周達観の『真臘風土記』（真臘：カンボジア）という本の中にも、魚が来る時期になると、定期的にベトナム人が越境してきて大量の魚を獲るという記録があります。

佐藤　トレンサップの農民たちに訊いてみると、漁民のことを絶対によく言いませんね。

黒倉　そうです。逆に、コンポントムあたりの漁業者は、自分たちは農民だといいます。でも、収入と労働を見ると明らかに漁民なんです。でも、絶対に自分たちのことを漁民ではないと言います。

石川　一種のプライドですよね。漁民イコール土地なし住民という感覚がある。

佐藤　価値観が全然違っていて、農耕民は不動産、土地に対してすごく愛着がある。ところが、遊牧

民にしても狩猟採集民にしても、土地は価値ではない。遊牧民は、土地はどうでもよくて、流動的な暮らしをしている。農耕民にとっては、異質な存在です。都市民から見ると、遊牧民の存在は盗賊に近いといってもいい。財産の基盤が動産なのか不動産なのか、そういったことに対する違和感は強いようですね。

黒倉　震災復興に話を戻すと、地域で生活している人びとは、必ずしも僕たちのようなよそ者を取り込む必要はない。しかし、そういう外部の人とある種の妥協と利害関係で共存できるようなうまい関係をつくる方法を考えたほうがいい。全面的に仲間になるという必要はないわけです。

佐藤　さて、本章では、《海の資源をどうとらえるか》に始まって、《資源と価値》という、少し哲学的な問題、そして《地域》をキーワードに加えて《海の資源と地域》というようなお話をいろいろ聞かせてもらいましたが、ここから先は、それぞれの専門の方々にもお願いして、詳しい議論を展開していただこうと思います。

また、海の資源ということになると、いま日本では「マグロ」「ウナギ」「クジラ」に関心が集まるので、それぞれの種に詳しい先生方に、この対談で出たような問題にも触れながら解説してもらおうと思います。どうもありがとうございました。

第一章　マグロ資源管理について考える

森下丈二

はじめに

乱獲が原因でマグロ資源が激減し、絶滅の危惧さえある、日本が世界中のマグロを買い集めてマグロ資源に脅威を与えている、国際的なマグロ資源管理を担う地域漁業管理機関（RFMO：Regional Fisheries Management Organizations）は機能していない、マグロ類の国際貿易を規制・禁止すべきだといった報道や主張がよく聞かれる。他方で、日本国内では、マグロ漁業が国際規制にさらされて窮地に立っている、マグロが食べられなくなる、といった声も聞かれる中で、量販店の売り場では日本中どこでもいつでも大量のマグロが出回り、マグロ解体ショーは大人気、テレビ番組では高級マグロ料理やマグロ漁師の物語が定番化し、築地市場の初荷ではマグロ一本（一尾）が信じがたい値段で競り落とされる。

マグロ類にはクロマグロ（本マグロ）、ミナミマグロ、メバチマグロ、キハダマグロ、ビンナガマグロなど、生物学上の種も、資源状態や生態も、食品としての市場価値や味も全く異なるものが存在することが無視された報道や主張ではあるが、マグロをめぐる議論や問題点を端的に表現したものであることも事実であろう。ここには、漁業資源としてのマグロ、保護対象の野生生物としてのマグロ、食料あるいは商品としてのマグロなどの異なる視点と観点と問題意識が表現されているといってもいいかもしれない。マグロ類を漁業対象として見るか、保護すべき野生生物として見るか、食料として見るか、売り上げから利益を生む商品として見るかによって、現状に関する問題意識は全く異なり、したがって目指す解決方向も異なる。

例えば、マグロを商品として見る量販店の視点は、少品種大量消費である。すなわち、マグロという商品を、日本中の支店で同一品質、同一価格（競争力の確保という意味では同一低価格というべきかもしれない）で一年中大量に供給することを目標とする。商品を切らすことは許されない。他方、漁業資源としてのマグロは、大漁不漁がある。食品としての品質にもばらつきがある。季節と漁業によって獲れ具合が変動する。さらに、マグロ類はいわゆる再生可能な生物資源であるが、この再生可能という言葉は、マグロ類の再生産力には限界があるということを時として覆い隠してしまっているかもしれない。商品としてのマグロと漁業資源としてのマグロというふたつの視点だけを比較してもこのように大きな差がある。当然それぞれの視点が目指す目標は大きく異なる。あるいはまったく矛盾する。

マグロ資源の乱獲や資源管理の困難さは、このような異なる視点や観点の相剋がひとつの原因ではないかというのが本稿の関心のひとつである。そして、もしこの問題構造の仮定に一定の真実があるとするならば、それに基づき、なぜ多くのマグロ資源は乱獲されたのか、なぜマグロ資源の管理は有効に機能していないという批判を受けるのか、などについて考察してみたい。さらに、マグロ資源の問題についての対応について、いくつか問題提起を行う。

また、分析にあたっては、著者が感じているいくつかの疑問点についても考えてみたい。例えば、マグロに関する様々な視点を包含したうえで、食料安全保障という切り口から見た場合には、現在とは異なるマグロ資源管理の在り方や目標が見えてくるのではないか。これと関連して、水産業（漁業、加工業、流通業、そしてその管理を担う行政も含む意味において）としては、むしろ漁業資源の特性（多様性、資源変動、品質（鮮度、大きさ、脂ののりを含む成分）のばらつきなど）に呼応する形で多品種少量消費を基本とする資源管理と消費流通システムを目指すべきではないのか。このような疑問への回答は、現在のマグロ資源とその漁業の管理の仕組みの大幅な変更へとつながるものであるかもしれない。現にマグロ漁業とその管理に携わる関係者の方々にとっては、非現実的な理想論となる可能性も大いに存在する。しかし、マグロ漁業を取り巻く現状とその苦境を見るとき、理想論も含め様々な議論や提言が行われることも、また必要で有益ではないかと思われる。

１　漁業資源としてのマグロ（国際管理と国内管理）

マグロ類は高度回遊性の魚類である。１９８２年国連海洋法条約の第64条は高度回遊性生物の保存管理について、以下のように規定している。

第六十四条 高度回遊性の種

１　沿岸国その他その国民がある地域において附属書１に掲げる高度回遊性の種を漁獲する国は、排他的経済水域の内外を問わず当該地域全体において当該種の保存を確保しかつ最適利用の目的を促進するため、直接に又は適当な国際機関を通じて協力する。適当な国際機関が存在しない地域においては、沿岸国その他その国民が当該地域において高度回遊性の種を漁獲する国は、そのような機関を設立し及びその活動に参加するため、協力する。

２　１の規定は、この部の他の規定に加えて適用する。

すなわち、マグロの漁獲の管理に関しては、「排他的経済水域の内外を問わず」に、沿岸国と漁獲国が国際機関を通じて協力することが求められており、その様な国際機関が存在しない場合には新たに国際機関を設立してマグロの保存と管理において協力しなければならない。具体的には、マグロ資源の保存と管理は地域漁業管理機関（ＲＦＭＯ：Regional Fisheries Management Organization)

を通じて実施されている。現在世界には5つのマグロ類地域漁業管理機関があり、それぞれが定められた海域または魚種の保存管理を担っている。通常は、これら地域漁業管理機関においてマグロ類の資源評価（資源量の推定、資源の増減の予測、資源分布の推定など保存管理に必要な科学的分析を包括的に行う）が行われ、それに基づく生物学的許容漁獲量（ABC：Allowable Biological Catch）が決まり、さらにこれをベースとしたうえで政策的、社会経済的な考慮を加味した総漁獲可能量（TAC：Total Allowable Catch）が決定される。このTACはABCと同等かより小さいことが理想であろうが、従来の漁獲量の急激な削減による漁業への影響などを考慮して、少なくとも短期的にはABCより大きなTACが採用されることもある。このTACが歴史的な漁獲実績などに基づいて地域漁業管理機関の各加盟国に割当てられるわけである。

この仕組みの下では、例えば沿岸国が自国の排他的経済水域に回遊してくるマグロを、たとえ自国の排他的経済水域内であっても自由に漁獲することはできない。その沿岸国に割当てられたTACのシェアー分だけを漁獲することとしか許されないのである。仮に地域漁業管理機関が禁漁期間や禁漁海域を排他的経済水域を含む海域に設定することを決定すれば、沿岸国は基本的にこれに従わなければならない。これは、資源利用の排他的権利が設定されている排他的経済水域において、例外的なケースと言える。マグロ類などの高度回遊性生物が排他的経済水域の内外を広く回遊し、そのために排他的経済水域内や公海において関係国が勝手に漁獲を行えば、その資源の保存管理を確保することが出来ないという現実を反映したわけである。

マグロ類を管理する地域漁業管理機関

世界中のマグロ類資源は基本的にすべて地域漁業管理機関の管理下にある。日本はすべてのマグロ類地域漁業管理機関のメンバーであり、これらの国際機関が導入した各種の国際漁業規制に従ってマグロ類の漁獲を行っている。地域漁業管理機関は、マグロ類を漁業資源として管理しているが、後述するようにマグロを野生生物として見る環境保護NGOなどの立場からは、その保存管理措置は不十分で効力を有していない、マグロの保護に失敗しているという非難がしばしば表明される。

日本がメンバーとなっているマグロ類地域漁業管理機関は次の5機関である（外務省資料、水産庁資料より）。

（1）みなみまぐろ保存委員会（CCSBT：Commission for the Conservation of Southern Bluefin Tuna）

1994年に発効した「みなみまぐろの保存のための条約」（Convention for the Conservation of Southern Bluefin Tuna）に基づき設立された。現在、日本、豪州、ニュージーランド、韓国、インドネシア、南アフリカがメンバー国であり、台湾が「台湾漁業主体」として、EUが「地域的な経済統合のための機関」として、みなみまぐろ保存委員会拡大委員会のメンバーとして参加している。条約対象魚種はミナミマグロ。

CCSBTの保存管理措置としては、ミナミマグロのみを対象として、総漁獲許容量（TAC）

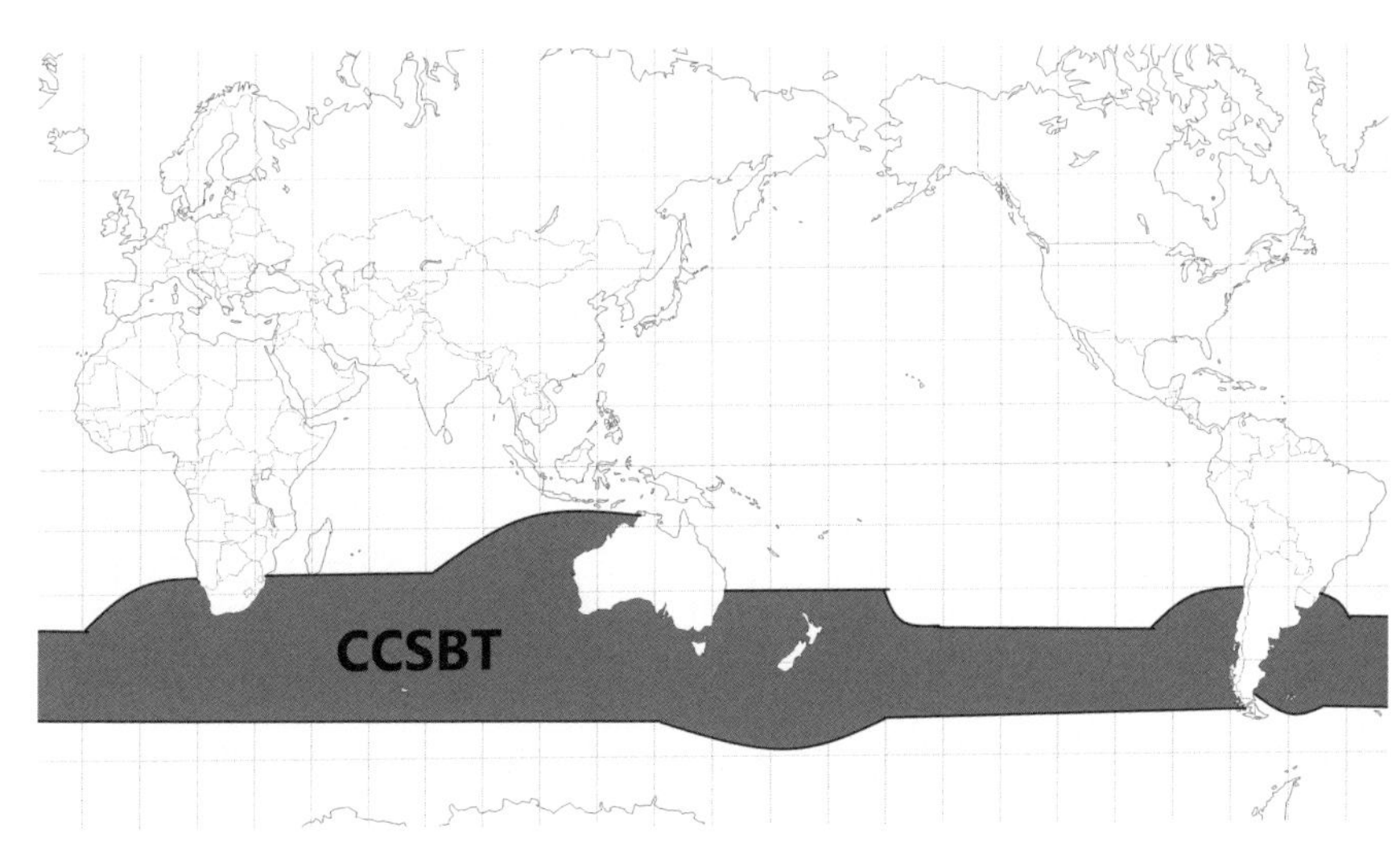

図１　CCSBT 条約水域（水産庁資料から著者作成）

（２０１４年漁期：1万２４４９トン、２０１５～２０１７年漁期：1万４６４７トン）及びその国別割当量の設定、漁獲・水揚げ・貿易を書類及びタグを用いてモニターする漁獲証明制度、寄港国検査等がある。ほかのマグロ類地域漁業管理機関とは異なり、特定の地理的な条約対象水域はなく、ミナミマグロの生息域を対象水域としている。日本の漁獲実績は近年２０００トン台から３０００トン台の範囲にあるが、資源の回復を受けてＴＡＣは増加傾向にある。

（２）大西洋まぐろ類保存国際委員会（ＩＣＣＡＴ：The International Commission for the Conservation of Atlantic Tunas）

１９６９年に発効した大西洋のまぐろ類の保存のための国際条約（International Convention

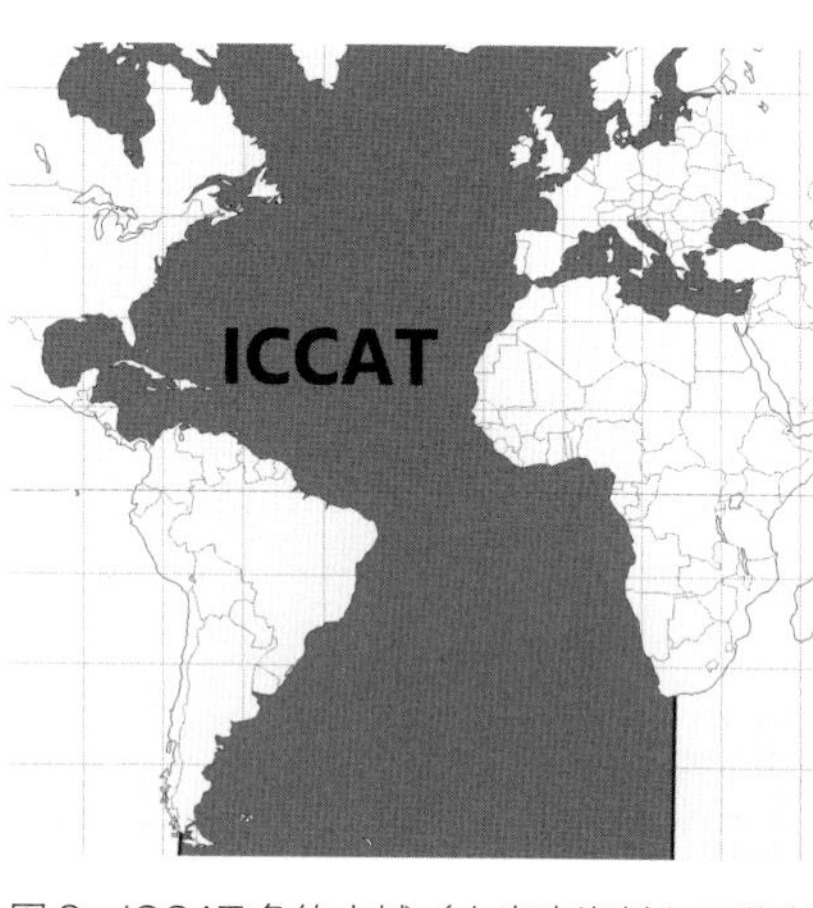

図2　ICCAT 条約水域（水産庁資料から著者作成）

for the Conservation of Atlantic Tunas）に基づいて設立され、日本を含む51カ国が条約締約国として参加する。条約対象魚種はマグロ・カジキ類全般。

ICCATの保存管理措置としては、①総漁獲可能量（TAC）の管理（東大西洋クロマグロ　2015年漁期：1万6142トン、2016年漁期：1万9296トン、2017年漁期：2万3155トン）、②30キログラム未満の大西洋クロマグロの採補、保持、水揚げの原則禁止、③保存管理措置に反したクロマグロの輸出入の禁止と、蓄養の監視措置等クロマグロの管理の強化、④運搬船へのオブザーバー乗船による、はえ縄漁船の洋上転載監視制度の導入、⑤クロマグロに対する漁獲証明制度（CDS）の導入のほか、寄港国検査、混獲対策等があり、条約適用水域は地中海等接続する諸海を含む大西洋全域。

（3）全米熱帯まぐろ類委員会（IATTC：Inter-American Tropical Tuna Commission）

1950年に発効した全米熱帯まぐろ類委員会の設置に関するアメリカ合衆国とコスタ・リカ共和国との間の条約（Convention between the United States of America and the Republic of Costa Rica for the

Establishment of an Inter-American Tropical Tuna Commission）に基づき、設立された。日本については１９７０年に効力が発生。なお、２０１０年8月27日より、新条約（全米熱帯まぐろ類委員会強化条約）が発効している。

規制区域における漁業資源の最適利用を実現することを目的とする締約国の共同措置のための提案を採択すること、漁獲量の配分に関する提案を採択することなどを機能とし、日本を含む21カ国が参加する。

２０１７年のメバチマグロとキハダマグロの保存管理措置として、まき網漁業については62日間の全面禁漁、沖合特定区での1カ月間禁漁、一部の漁法に漁獲上限（メバチマグロ及びキハダマグロの合計で２０１３〜２０１５年の平均漁獲量。）を設定し、はえ縄漁業については２００７年のメバチ漁獲枠からの５％削減（日本の漁獲枠３万２３７２トン）を行っている。また、太平洋クロマグロに関しては、２０１５年、２０１６年の年間漁獲上限について３３００トンを原則とし、2年間で６６００トンを超えないよう管理することとしている。

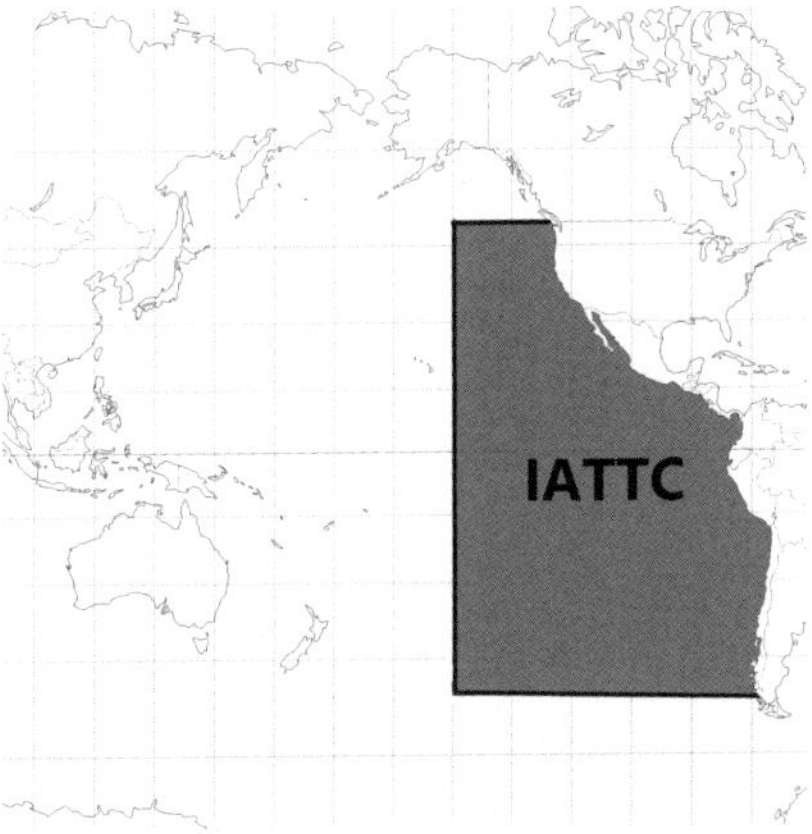

条約適用水域は東部太平洋となる。

図３　IATTC条約水域（水産庁資料から著者作成）

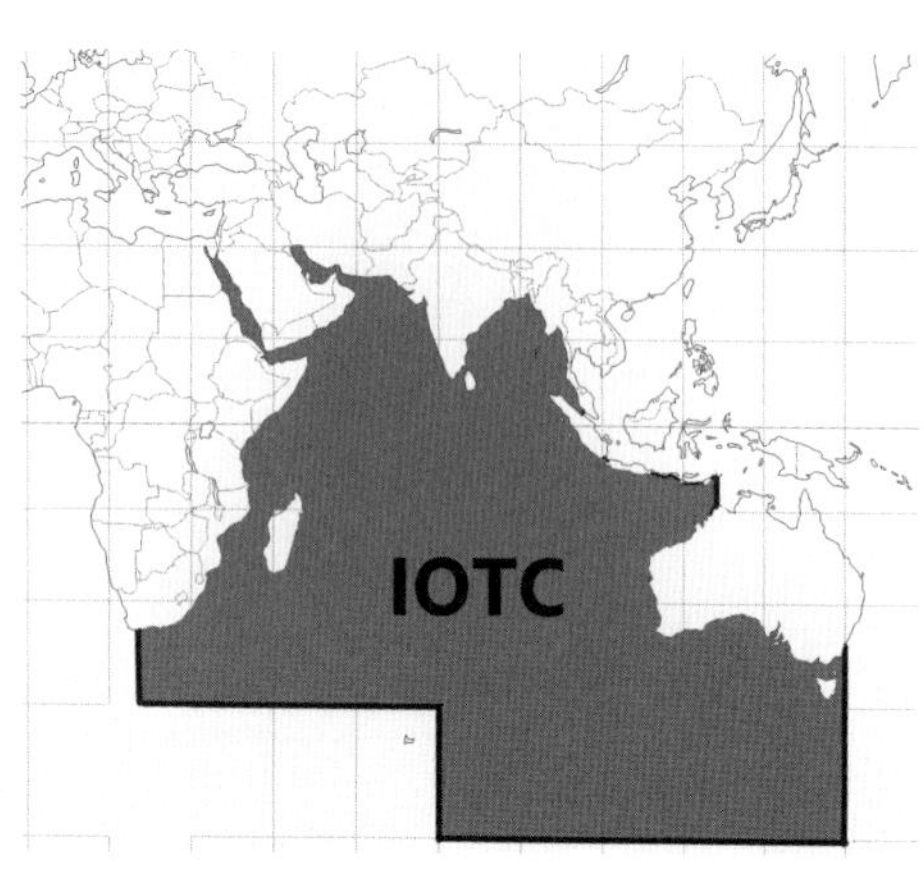

図4　IOTC 条約水域（水産庁資料から著者作成）

（4）インド洋まぐろ類委員会（IOTC：Indian Ocean Tuna Commission）

1996年にインド洋まぐろ類委員会の設置に関する協定（Agreement for the Establishment of the Indian Ocean Tuna Commission）に基づいて設立された。日本についても同年に効力発生。現時点での条約締約国は31カ国。

マグロ類資源を対象とする漁業の持続可能な発展を奨励する観点から、加盟国政府間の協力を促進すること、資源管理措置の採択、適当な科学情報・漁獲及び漁獲努力量の統計等の収集・解析、及びマグロ類資源及び漁業活動に関する調査・開発活動の奨励・勧告等を行うことを目的とする。

保存管理措置としては、①メバチマグロ、キハダマグロについて、毎年の実操業隻数を2006年水準に制限すること、②ビンナガ、メカジキについて、毎年の実操業隻数を2007年水準に制限すること、③運搬船へのオブザーバー乗船による、はえ縄漁船の洋上転載監視制度の導入などを実施するとともに、禁漁区の設定、漁船監視システム、寄港国措置、混獲対策などを有する。

（5）中西部太平洋まぐろ類委員会（ＷＣＰＦＣ：Commission for the Conservation and Management of Highly Migratory Fish Stocks in the Western and Central Pacific Ocean）

２００4年に発効した西部及び中部太平洋における高度回遊性魚類資源の保存及び管理に関する条約（Convention on the Conservation and Management of Highly Migratory Fish Stocks in the Western and Central Pacific Ocean）に基づき設立された。日本については翌２００５年に効力発生。条約締約国は南太平洋島しょ国など26カ国。ＷＣＰＦＣは日本の周辺水域が条約対象水域となり、日本の沿岸マグロ類漁業者が国際漁業規制の対象となった初めてのケースといえる。

マグロ類の総漁獲可能量・漁獲努力量の決定や当該資源の長期的持続性を確保するために必要な保存管理措置・勧告を採択すること、委員会の構成国間の協力・調整を推進することなどをその機能として挙げている。

保存管理措置としては、資源回復に向け、クロマグロの未成魚（3歳以下）の漁獲枠を削減したほか、メバチマグロの漁獲規制を段階的に強化するなどの措置が採択されている。

熱帯マグロ（メバチマグロ・キハダ・カツオ）

（a）熱帯水域のまき網漁業においては、２０１６年の措置として集魚装置を用いた操業の４カ

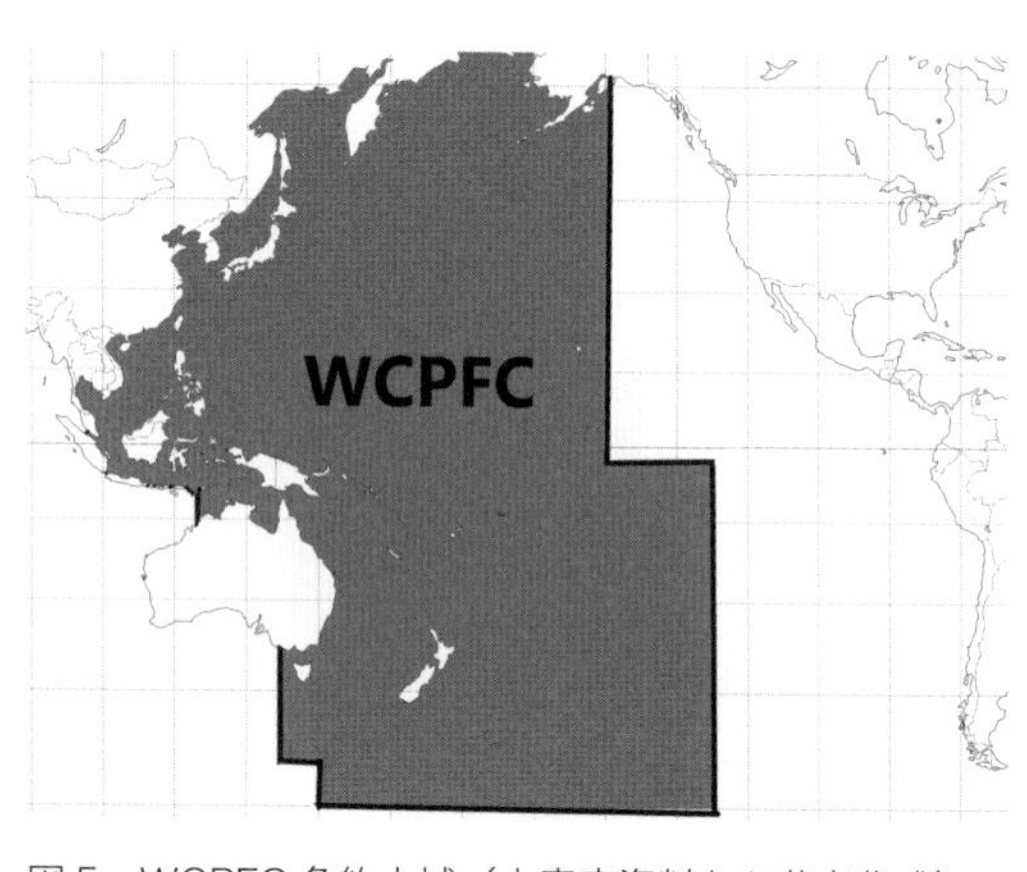

図5　WCPFC条約水域（水産庁資料から著者作成）

月間禁止、又は代替措置の導入。公海においては2017年に集魚装置使用を原則禁止。また、島嶼国以外のメンバーは自国籍大型まき網漁船隻数凍結。

（b）はえ縄漁業においては、メバチマグロについて、2001〜2004年の平均値から漁獲量を40％削減（2014〜2017年で段階的に実施）。

太平洋クロマグロ

（a）歴史的最低水準付近にある親魚資源量（約2万6000トン）を2024年までに歴史的中間値（約4万1000トン）まで回復させることを当面の目標とする。

（b）30キログラム未満小型魚の漁獲量を2002〜2004年平均水準から半減。

（c）30キログラム以上の大型魚の漁獲量を2002〜2004年平均水準から増加させないためのあらゆる可能な措置を実施。

（d）加入が著しく低下した場合に緊急的に講ずる措置を2017年に決定。

以上のように、世界の全海域がマグロ類RMFOによってカバーされているが、世界のすべてのマグロ類資源について TACが設定されているわけではない。その理由としては、当該資源に関する資源評価作業が完了していない、当該資源について資源レベルが良好と考えられており当面はTACの必要はないとされている、TAC以外の措置が適切と見なされている、締約国間でTACについて合意が形成されず他の保存管理措置が導入されている、もしくはこれら諸要因の組み合わせが考えられる。そのために、魚種により、海域により多様な保存管理措置が存在する結果となっている。

日本のマグロ漁業の姿

ここで、日本のマグロ漁業の姿を農林水産省平成27年漁業養殖業生産統計からみてみる。2015（平成27）年の日本の漁業養殖業の生産量は466万9000トン、このうち海面漁業の漁獲量は353万3400トン、海面養殖業の収穫量は106万6900トンである。残りは内水面漁業と内水面養殖業である。このうち、海面漁業によるマグロ類（クロマグロ、ミナミマグロ、ビンナガ、メバチ、キハダ、その他）の漁獲量は合計で18万1300トン、したがって全海面漁業に占める割合は約5・1％となる。また、海面漁業によるカツオの漁獲量は24万4600トンで、ここにはソウダガツオの漁獲量1万5800トンは含まれていない。そのほか、カジキマグロという呼び名があるが、マカジキ、メカジキ、クロカジキ類、そのほかのカジキ類を合計した漁獲量は1万3400トンとなる。マグロ類、カツオ、ソウダガツオ、カジキ類の総漁獲量は45万5100トンで、全海面漁業に占める割合は約12・9%ということになる。

マグロ類の漁獲量の全海面漁業に占める割合の約5・1%という数字は、スーパーなどの魚売り場で見るまぐろ類の割合からすれば思いのほか小さいという印象かもしれない。しかし、実際はこれに養殖業によるマグロと外国からの輸入が加わる。

マグロの養殖業とは、実態上は、価格の高いクロマグロとミナミマグロのみが対象と言っていい。またここでいう養殖には、産卵、稚魚の育成から肥育、出荷までをすべて人工的に行う完全養殖と、海面漁業により稚魚や小型魚を漁獲し、これに摂餌、肥育して出荷する畜養とが含まれる。「近大マグロ」として有名な近畿大学が事業化に成功したクロマグロの養殖は、産卵から成熟、さらに産卵というクロマグロのライフサイクル全体を人工的環境(いけす)の中で実現し、出荷販売に結びつけたものである。日本では人口種苗の供給が増加しているが、出荷尾数に占める割合はまだ1割程度であり、世界的に見れば、まだ大部分の養殖物のマグロは、自然環境から漁獲された稚魚や小型魚の供給に頼り、それを給餌により肥育させてから出荷する畜養である。

日本における2015年の海面養殖業によるクロマグロの収穫量は、1万4700トンとなっており、ここ数年で急増している。ちなみに、同年の日本の海面漁業によるクロマグロの漁獲量は6900トンで、海面養殖業の半分以下である。

2　野生生物保護の視点から見たマグロ類

ワシントン条約（CITES）における議論

1992年、京都で開催されたワシントン条約（絶滅のおそれのある野生動植物の種の国際取引に関する条約、CITES（サイテス：Convention on International Trade in Endangered Species of Wild Fauna and Flora）第8回締約国会議において、大西洋クロマグロを条約付属書に掲載し、国際貿易を禁止ないし規制するという提案が行われた。これがマグロ類を野生生物として認識し、野生生物として保護するという考え方が、国際社会での具体的な動きとして現れた初期の事例のひとつと言えるであろう。

ワシントン条約は、野生動植物の国際取引の規制を輸出国と輸入国とが協力して実施することにより、その採取や捕獲を抑制して、絶滅のおそれのある野生動植物の保護をはかることを目的とする。条約付属書Ⅰには絶滅のおそれのある野生生物の種であって、国際取引による影響を現に受けているか、または受ける恐れのあるものが掲載される。商業取引は原則として禁止される。商業目的でないと判断されるものとしては、個人的利用、学術的目的、教育・研修、飼育繁殖事業があるが、その取引に際しては、輸出国及び輸入国の科学当局から当該取引が種の存続を脅かすことがないとの助言を得る等の必要があり、また、輸出国の輸出許可書及び輸入国の輸入許可書の発給を受ける必要がある。約980種の野生生物が条約付属書Ⅰに掲載されており、例えばジャイアントパンダ、トラ、ゴリラ、オランウータン、シロナガスクジラ、タンチョウ、ウミガメ科の全種などが掲載されている。附属書Ⅱには、現在必ずしも絶滅のおそれのある種ではないものの、その標本の国際取引を厳重に規制しなければ絶滅のおそれのある種となるおそれのある種、またはこれらの種の標本の取引を効果的に取り締まるために規制しなければならない種（例えば付属書Ⅰ掲載種と見分けをつけることが困難な種）が掲載される。輸出国の許可を受たうえで商業取引を行うことが可能である。ただし、国際取引に際しては、輸出国の科学当局から当該取引が種の存続を脅かすことないとの助言を得る等の必要があり、また、輸出国の輸出許可書の発給を受ける必要がある。約3万4400種の野生生物が付属書Ⅱに掲載されており、タテガミオオカミ、カバ、ウミイグアナ、トモエガモ、ケープペンギン、野生のサボテン科の全種、野生のラン科の全種などが含まれる。

1992年のワシントン条約京都会議では、スウェーデンが大西洋クロマグロの西部系群を付属書Ⅰに、東部系群を付属書Ⅱに掲載する提案を提出した。商業的に利用されているクロマグロが国際貿易禁止となる可能性がある提案と言うことで、日本国内でも大きな話題となり、マスコミは、寿司が食べられなくなるのではないかといった論調で加熱した取材合戦を繰り広げた。会議では、日本や米国など、大西洋クロマグロを漁業資源として管理するICCAT（大西洋まぐろ類保存国際委員会）の加盟国が付属書掲載提案国であるスウェーデンと活発に協議を行い、ICCATがクロマグロの管理措置を強化することと引き換えに、この提案を撤回するという合意が達成され、クロマグロの国際取引禁止という事態は回避されたのである。ちなみに、この付属書掲載提案は、もともと野鳥保護活動に従事し、現在では広く環境保護を目的とする米国の非政府団体（ＮＧＯ）であるオーデュボン協会が作成し、ＷＷＦ（世界自然保護基金：World Wild Fund for Nature）がスウェーデン政府に提出を働きかけたものであるといわれている。ワシントン条約をめぐっては京都会議以降もクロマグロやミナミマグロの付属書掲載提案の動きが続いている。

マグロは漁業資源か野生生物か

それでは、マグロ類を野生生物として見ることと漁業資源として見ることの間にはどのような違いが存在するのか。あるいは違いは存在しないのか。多くの日本人の語感からすれば、通常は漁業資源としてみなされているマグロ類やサンマ、サバ、ウナギといった、食料としてなじみ深い魚が野生生物と呼ばれると、一定の違和感を持つのではないかと思われる。その理由のひとつは、おそらく、野生生物は食べるものではなく環境保護の考え方のもとで保護されるべきものというイメージや概念が存在するからではないか。生物学的には、養殖物を別にすれば、漁業資源（あるいは魚類）と野生生物であるライオンやキリンを明確に区別することは極めて困難であろう。野生生物と言われる生物も捕獲され食料として利用されているし、魚類も自然環境の中で生息し、食用の種もあれば食用とみなされない種もあり、環境変動や過剰な捕獲の結果として個体数が減少したり絶滅の危機に瀕したりする可能性がある。しかし、野生生物としてのイメージが強ければ、その生物は保護されるべきというイメージが強まるということは事実であろうし、現実的には野生生物の保護は環境保護と同意に扱われていると理解される。

それではなぜ野生生物は保護されるべきであるのか。その理由はマグロ類を含む漁業資源にも当てはまるものであるのか否かを考えてみたい。

まず、野生生物の保護に関連した主張においては、その生物の絶滅を防ぐ、その生物が属する生態系を保護する、そもそも自然の一部である野生生物に手を付けるべきではない（手つかずの自然を守る）といった論点が挙げられるだろう。

漁業資源であるマグロ類、特にワシントン条約の付属書掲載提案が話題に上るクロマグロやミナミマグロには絶滅の恐れはあるのであろうか。この問題をめぐる議論や主張においては「絶滅（Extinction）」、「枯渇（Depletion）」、「乱獲（Overfishing）」などの言葉が用いられ、さらに「絶滅危惧（Threatened with Extinction）」、「脆弱（性）（Vulnerable, Vulnerability）」といった表現やそのバリエーションが使われる。これらはすべて異なる概念と意味を持つが、マスコミの報道や一般向けの文章においては、あいまいな定義のもとでこれらの表現が繰り返され、結果的に危機感を増幅するだけの結果をもたらしている感が強い。野生生物としての絶滅の恐れを防ぐ手段と、漁業資源としての乱獲を防止する手段は全く異なることから、このような表現や用語の混同と、それがもたらす必要な保存管理措置の選択に関する議論の混乱や対立は、結果として真に有効な保存管理措置の導入の遅れや失敗をもたらす可能性があり、実際そのような事態は枚挙するに事欠かない。

絶滅危惧とは

ではこの「絶滅」に関連する諸用語の意味を見てみる。厳格に学術的な定義を論じることはむしろその理解を困難とし、学術的な見解の違いに踏み込む説明を必要とすることになることから、ここではその概念の違いを極力通常の言葉を用いて明確にしてみたい。

まず、「絶滅」とはある生物の個体が地球上から姿を消した状態で、「生物学的絶滅」という表現も用いられる。例えばモーリシャス島に生息していた鳥類であるドードーは１６８１年に完全に姿を消した。自然界からは姿を消したが、動物園などの人工的環境でのみ生き残っている生物も存在し、これらは自然界での絶滅、または「野生絶滅」と呼ばれる。混乱をもたらす表現に「商業的絶滅」や類似の用語が用いられることがあるが、その意味は、マグロ類を含む漁業対象魚種などの個体数が大きく減少し、その魚種を商業的に漁業活動の対象とするコストが膨大なものとなって、商業的漁業の対象としての存在意味が消滅することを指す。この事態はもちろん深刻な問題ではあるが、生物学的には通常はまだ絶滅には程遠い個体数が自然界に生息し続けている。また、漁業の対象から外れることにより、少なくとも人為的な漁獲死亡がなくなることから、個体数の回復、増加が期待される。一定期間の禁漁ののちに、漁業資源が「復活」するという事例はこれにあたる。

より整理が難しく、混乱や対立の原因となっている用語は「絶滅危惧」や「脆弱（性）」であり、また、「枯渇」や「乱獲」がこれらと同様の意味と受け取られることであろう。もちろん、「枯渇」や「乱獲」が進んで「絶滅危惧」が高まることはあり、「乱獲」されている漁業資源や、成熟年齢が遅く産卵数が少ないなどの生物学的特徴を持つ魚類資源は「絶滅」の恐れから見れば「脆弱」である。したがって、これらの表現は相互に関連している。

一般に「絶滅危惧」という場合、その生物種の個体数が極端に少ない、個体数が急激に減少している、生息域が狭く限定されている、生息域が急激に減少している場合などを指す。絶滅危惧種のレッドリストで有名な国際自然保護連合（ＩＵＣＮ）は、危惧の度合いを3段階に分類し、それぞれに個体数、個体数減少率、生息域の数値基準を設けている。また、日本政府でも環境省と水産庁がそれぞれ基準を設定したうえでレッドリストを作成し公表している。これら様々な組織の判定基準には共通点もあれば相違点もあり、それが議論の対象となっているが、その違いや優劣を論じることは本稿の目的ではない。詳しい議論は章末の参考文献に譲る。一般的には、その生物種の個体数が数十のレベルまで低下していれば危機的な状況であり、数千のレベルであれば絶滅回避のための早急な対策が必要であるというのが、共通した感覚であろう。また、漁業資源に関連しては、個体数よりはその減少率が絶滅危惧とみなされるのか否かが議論の的となるケースが多い。

マグロは絶滅危惧種か

クロマグロやミナミマグロは個体数の上では絶滅危惧には程遠いが、資源の減少率はＩＵＣＮ

の基準では危機的な状況と判断されうる。例えば太平洋クロマグロの親魚資源量（産卵可能な個体の量を重量で表したもので、個体数の上では膨大な未成熟の個体は含まれない）は、水産庁資料によれば２０１４年で約1万７０００トンである。１個体の平均体重を50キログラムとすれば、34万個体、１００キログラムとしても17万個体である。生物学的に絶滅が危惧されるレベルではない。しかし、この1万７０００トンは初期資源量（漁業が行われない場合に理論上どこまで資源量が増加するかを推定した数字で、処女資源量、環境収容力などの概念と同等か近いもの）の約２・６％に過ぎず、１９６０年代の推定親魚資源量から約90％の減少にあたる。ＩＵＣＮが危機的な絶滅の危惧があるとみなすレベルである。しかし、漁業資源のうちにはこのレベルの資源量の増減を繰り返す魚種もあり、また、初期資源量に対する割合が低いまま長年にわたって漁業が行われ、生物学的な絶滅には至っていない魚種も多い。

このような資源状態の太平洋クロマグロを、野生生物として絶滅危惧から救うという観点から見れば、クロマグロ漁業の禁止という主張が生まれる。漁業資源として資源回復を図るという観点から見れば、漁獲量の削減や禁漁期間、禁漁海域の設定という選択肢が導き出される。また、野生生物としての見方に立てば、最も極端な場合は初期資源量までの回復とその維持が目標となり、事実上資源が回復しても漁業は許されない。そもそも野生生物は「資源」ではないということになる。他方、漁業資源の管理目標は、いわゆるＭＳＹ（最大維持生産量：Maximum Sustainable Yield）レベルを目指し、これは一般的には初期資源量の半分ほどの資源量である。この半分ほどの資源量レベルで生物としての魚の再生産能力が最大になり、その再生産能力の範囲内で漁獲を行っていれば資源量が減少することはなく、最大の生産を持続することが出来るという理論である。これは銀行口座で言えば、元金が最大化されることを目標とするのではなく、利子が最大化される元金レベルを目標として、その利子だけを永続的、持続的に利用していくという考え方になる。この野生生物保護のアプローチと漁業資源管理のアプローチの大きな違いが、地域漁業管理機関やマスコミを通じて大きな国際論争となっているわけである。

なお、「乱獲」についても様々な定義がある。漁業資源管理の世界においては、MSYレベルやそれに一定の比率（例えば60％）をかけた資源量を目標とし、これを下回れば乱獲状態（Overfished）と判断して資源量の回復を図り、また上記の利子（漁業資源の場合には資源量により変化し、それぞれの資源量に対する利子にあたるものが持続生産量（Sustainable Yield）となる）にあたる量以上に漁獲が行われていれば乱獲（Overfishing）されていると考えるアプローチ、またはそれに類似したものが一般的である。理想は、資源量が乱獲状態になく乱獲レベルの漁獲も行われていない状態であり、最も望ましくない状態は資源が乱獲状態にあり、さらにその資源量レベルの「利子率」を超える漁獲すなわち乱獲が行われているケースとなる。

3　食料あるいは商品としてのマグロ

寿司店や料理店においてはクロマグロなどのトロは欠かせない食材であり、グルメ、高級品の代名詞である。また、メバチマグロやキハダマグロはスーパーなどの量販店、大衆寿司店や料理店の定番商品であり、マグロ抜きの刺身セットやすし詰め合わせは考え難い。

日本でのマグロ類供給量（カツオは入っていない）は2015年で合計41万トン、このうち日本の生産量は20万4000トン、台湾、中国、韓国などからの輸入量は20万6000トンで、国産と輸入はほぼ同量となっている。2014年の世界全体でのマグロ類漁獲量は215万8000トンであることから、日本は世界のマグロ類の約19％を消費していることになる。世界全体の漁業・養殖業生産量が約1億8000万トンであることから、マグロ類はその1％を少し上回る量である。

これらの数字は、日本が世界中のマグロを食べつくしているといった批判や、マグロ類に集まる注目の度合いからすれば意外に感じるのではないだろうか。マグロ類の消費における日本のシェアーは、日本での水産物消費の継続的な減少と、逆に増加傾向にある世界での水産物消費の増加の結果、かつてに比べれば大幅に低下した。国別マグロ類漁獲量のトップもインドネシアで、日本は2位である。消費においても漁業においても日本の相対的なプレゼンスは低下傾向にある。

逆に量販店などからすれば、マグロ類は様々な供給先のオプションが存在し、大量供給の条件に対応しやすい商材でもある。これは日本が様々な国から輸入しているエビ類と状況が似ているかもしれない。さらに、マグロ類に関しては、超低温冷凍設備のチェーンの恩恵で漁獲から数年間品質を保つことが可能、生鮮についてはその魚価の高さから空輸でも採算が取れること、骨や皮の無い形で消費者に提供でき、その結果料理に手がかからないという利便性、寿司の欠かせることのできない主要なネタという位置づけなど、多くの利点があることから量販店の水産物の主要商材として確立している。

高級商材であるクロマグロとミナミマグロの漁獲量は、2014年の世界全体で4万1000トン、マグロ類全体（215万8000トン）の2％弱である。日本のクロマグロとミナミマグロの供給量（2015年）はそれぞれ4万6000トンと1万6000トンで（クロマグロの国内養殖生産量約1万5000トンを含む）、日本のマグロ類総供給量41万トンの約15％にあたる。このことから、クロマグロとミナミマグロに関しては日本が圧倒的な市場であり、この2魚種については「日本が食べつくしている」という批判も否定しがたいことが見えてくる。世界のクロマグロとミナミマグロが日本という市場に集まってくるわけである。言い換えれば日本のクロマグロ、ミナミマグロ需要構造が、世界での両魚種の保存管理に大きな影響を与えるということになる。

4　マグロと食料安全保障

日本の食料自給の脆弱さ

本章では漁業資源としてのマグロ類の資源管理、野生生物としてのマグロ類の保護に関する考え方、そして流通の中での商品としてのマグロを見てきた。マグロをめぐるもうひとつの大切な観点は食料安全保障の中でのマグロという視点ではないだろうか。

日本という食料安全保障の面では極めて脆弱な国において、マグロ類、さらに視野を広げて漁業資源の保存管理の考え方、食品や商品としての見方を考えるとき、果たして今の漁業に関する政策や我々国民から見た漁業の位置付けは適切なものであるのか。

現在の日本の食料自給率はカロリーベースで39%という低さである。これは食料輸入が停止すれば60%以上の食料が消えるということであり、背筋が寒くなる数字である。さらに、農作物の種子、肥料、家畜や水産養殖の餌（これは食料自給率計算に勘案されている）、温室栽培や漁船に必要な燃料なども輸入に頼るところが大きいことを考えると、実際の食料自給体制（食料自給力）は39%という数字が表すものよりもさらに脆弱である。先進国は工業製品を作っているので他の先進国も同様に食料は輸入に頼っているのではないかと考えがちであるが、実は多くの先進工業国はしっかりと食料を自給している。２０１１年のデータによると、米国の食料自給率は１２７%、ドイツ92%、フランス１２９%、英国でも72%、豪州は２０５%、カナダに至っては２５８%である。さらに、これら先進工業国の食料自給率は昔から高かったわけではない。1961年のデータでは、ドイツは67%、英国は現在の日本並みの42%、カナダは102%であった。他方、1961年の日本の食料自給率は78%あったのである。すなわち、多くの先進工業国は60年近くをかけて食料自給率を引き上げてきた一方で、日本はあたかも自ら食料を作り出すことをあきらめたかのような道をたどってきている。

これは環境への負荷という観点からも憂慮すべき事態である。食料が消費されるまでに運搬されてきた距離（運搬距離が長いほど燃料の消費などによって二酸化炭素の排出量も増加する）という指標に着目したフードマイレージの国際比較から、日本の食料を確保するための環境負荷の大きさが浮き彫りとなる。古くなるが、2001年に行われた試算では、日本の国民ひとり当たりのフードマイレージは米国の7倍、ドイツの3・5倍、英国の2倍以上である。これに人口をかけたフードマイレージの総量では、日本は米国の3倍、ドイツの5倍以上、英国の4・8倍となる。日本人は食べることで他の国以上に地球環境に大きな負荷をかけている。

漁業管理と食料自給

極めて脆弱な食料自給体制と、その結果としての食料輸入に伴う高い環境負荷を生んでいる日本にとっては、食料安全保障は非常に重要な課題であるはずである。この観点に立つとき、日本漁業、そしてマグロ漁業の方向性をどう考えればいいのか。単純に漁業生産量を増やし、輸入を削減し、自給率を上げるべきと言うのはたやすいかもしれない。しかし現在の日本漁業の低迷と将来展望の困難さは様々な要因とその相互関連（遠洋と沖合漁業を中心とした漁場の縮小、漁業資源の悪化、燃油価格の高騰、輸入水産物との価格競争、魚食離れ、漁業者の減少と高齢化等々）から生じており、そのどれひとつをとっても容易に解決できるわけではないのも現実である。

マグロ漁業を含む漁業は、原則として得られる儲けをより大きくする方向で展開していく。あるいはもうけが出る限りは（限界利益がゼロになるまでは）漁業への参入が行われる。メジマグロ（クロマグロの幼魚）の需要があれば、より多くのメジマグロを漁獲する動機が生まれる。しかし、漁業は工業製品の生産とは異なり、資本を投入し続け漁獲を拡大していくと漁業資源の乱獲・枯渇に陥る。漁業資源を含む生物資源は、再生産が可能な資源であるが、改めて述べるまでもなく、その「再生産」の意味はいくらでも漁獲し続けることができるということではなく、再生産力の範囲に漁獲を制限しなければ資源が枯渇する。非再生産資源である石油などの鉱物資源は、新たな埋蔵資源の発見や代替資源へのシフトなどの結果、むしろ漁業資源のような制限を受けることなく生産されていることを考えると、「再生産」資源という呼称は皮肉でさえある。

漁業管理は、市場原理に従って操業すれば乱獲・枯渇に陥る漁業を、漁業資源の再生産力の範囲に収める手段である。生物学的許容漁獲量（ＡＢＣ）に基づく総漁獲可能量（ＴＡＣ）の設定や漁獲努力量規制の導入により、漁獲を漁業資源の再生産の範囲に収め、持続可能な利用を図るわけである。しかし、これは市場原理や消費需要から生まれる漁業資源への圧力の原因そのものに対する対応ではなく、生じた資源圧力への対処療法という性格である。市場原理が輸入の拡大につながり、消費需要がフードマイレージの増加（外国産牛肉や養殖ものへの嗜好）を生む。資源圧力の発生は、市場原理の動くままに任されてきたという面がある。それが、仮に資源管理が有効に行われていても食料安全保障の観点からすれば決して望ましくはない状況につながりうる。

市場原理（需要構造）と漁業管理の相克

資源管理の成功はもちろん結果的には食料安全保障の観点に貢献し、望ましいことである。しかし、少品種大量消費や利益の最大化を目指す市場原理がもたらす漁獲圧への対処としての資源管理ではなく、日本の食料安全保障により貢献する資源管理の方向はあるのか。あるいは、さらに進んで食料安全保障を強化するための漁業資源管理という考え方は成り立つのか。もし市場原理と消費需要（嗜好）を無視できるとすれば（かなり非現実的な仮定ではあるが）、食料安全保障（合わせて環境負荷削減）の観点から見た望ましいマグロ漁業とはどのような姿となるのか。

初期資源量の約2・6％という水準にある太平洋クロマグロをめぐる議論では、日本の沿岸や周辺海域において大量の未成魚が漁獲されていることが問題視され、その漁獲を制限する措置が導入された。クロマグロの未成魚は古くから漁獲され珍重されてきたが、近年の漁獲増加の原因は、養殖種苗や畜養への需要増加である。短絡的との批判を覚悟すれば、トロ需要が養殖・畜養の拡大を促し、結果としてクロマグロ未成魚の漁獲の増加につながったといえる。この状況を、トロ需要という市場と消費の需要、すなわち市場原理には手を付けず、ある意味では受け身の姿勢で未成魚の漁獲を制限するだけというアプローチは、有効に効果を発揮することができるのであろうか。２０１６年末から２０１７年２月に各紙が次々に報じたクロマグロの漁獲規制違反（静岡など８県で未許可の操業や漁獲量報告の不備が発覚）も、養殖用種苗に対する強い需要が背景にあると思われる。これに対し、水産庁は２０１７年度から罰則付きの厳しい法規制、総漁獲可能量（ＴＡＣ）の導入を検討している。これらは必要な措置ではあるが、同時に、強い需要の下では厳しい法規制の効果に限界があることも象牙の国際取引の例などから明らかとなっている。

養殖・畜養で脂ののったクロマグロを生産するためにはクロマグロの体重増加分の10倍から20倍の餌を与える必要がある。このエサはイワシやアジ、サバなどの多獲性魚である。食料安全保障の観点からすれば、トロの代わりにイワシ、アジ、サバを食べれば計算上は10倍から20倍の動物タンパクが確保できるということになる。養殖・畜養されたクロマグロを日本に輸出している地中海諸国、豪州、メキシコからの輸入を少しでも減らせば、その分日本のフードマイレージも改善し、環境負荷が軽減できる。需要構造の改善・変革まで視野に入れた漁業管理が実現すれば、食料安全保障、環境負荷軽減に貢献し、市場原理に任せるままでは乱獲に陥る漁業資源への漁獲圧力を減らすことにつながる可能性が有る。

クロマグロやミナミマグロは寿司や料理店を中心としたトロ需要がその需要構造に大きな影響を与え、それにこたえるために養殖・畜養も発展してきた。他方、メバチマグロやキハダマグロはスーパーなどの量販店の人気商材であり、カツオを除けば量的にも日本でのマグロ類の消費量の大半はこの2魚種が占めている。そして量販店の販売原理は、多くの消費者に均質で安定した商品を提供することであり、いわゆる「四定条件」と呼ばれる一定時間に一定の品質・規格の商品を一定の価格で一定量供給することが至上の目的となる。メバチマグロとキハダマグロのもうひとつの主要供給先は大型化・チェーンストア化した中食・外食産業であり、これも基本的に量販店と同様の原理と条件の下で経営されている。

「四定条件」に対応するためには多様性ではなく均質性が求められ、さらにチェーンストア化に対応するためには大量供給が必要となる。すなわち少品種大量消費である。しかし、天然資源である漁業資源は、地域ごとに異なる魚種が存在し、その漁獲量も自然条件などに大きく左右されて変動し、季節性も強い。品質も扱いによって大きく差が出る。またそれが食材としての水産物の魅力でもある。水産物の特性と漁業の特性を自然に受け入れるとすれば、それは多品種少量生産となる。

現在のメバチマグロとキハダマグロを中心とするマグロ類の市場構造は需要側の原理と力が支配的であり、ある漁業者グループ（例えば日本のマグロはえ縄漁業）から供給される魚の値段が他の漁業者グループ（例えば外国のマグロはえ縄漁業）より高ければ、安い後者のグループの漁獲によるマグロが買い付けられる。もしこの価格差が国際的な漁業管理措置への対応費用の差であるならば（すなわち、国際的漁業管理措置で求められる漁獲枠の順守や混獲防止策の導入を行わないことで価格上の比較優位を得ているとすれば）、少品種大量消費の市場構造は漁業資源管理の目的を損ねていることとなる。

また、少品種大量消費の市場構造、もしくは「文化」は、消費される魚種の減少、そしてそれらの魚種への漁獲・生産圧力の増大につながる。日本の家計に占める鮮魚購入支出金額の約4割はマグロ、サケ、エビ、イカが占めるが、このうちマグロは自然からの漁獲の比重が大きく、市場構造から来る需要と漁業管理のつながりが強い魚種であるということもできる。なお、消費者の魚介類購入先の約65％はスーパーであり、これも少品種大量消費の市場構造の定着を示している。

漁業資源の管理をより有効なものとし、食料安全保障に貢献し、食料消費による環境負荷を軽減するために、より自然条件と魚類資源の特性の側に立った、多品種少量の生産消費、不安定で変動する環境を前提とした漁業管理目標を立てることはできないであろうか。

そのためには漁業資源管理、水産物流通、消費志向が基本的に同じ方向性と目的を共有することが必要となる。現在は、残念ながら市場原理と食生活全体のファーストフード化、少品種大量消費のためのマグロ類を中心とした少数の魚種への漁獲圧力、養殖種苗・畜養のための未成魚への漁獲圧力、非常に高い日本のフードマイレージに象徴される食による環境負荷を生んでおり、漁業管理がこれから生じる問題への対応に追われているとの感が強い。しかし、現実的に見て水産物流通市場や消費志向を変えることは可能なのであろうか。漁業資源の保存管理や食料安全保障の観点が、より強い主導権をとることは可能なのであろうか。

消費行動は変えられるか

食の嗜好は容易に変化しない部分もあれば極めて短期間に変化する部分もある。トロがもてはやされるようになったのは比較的最近で、大間の本マグロにとんでもない値段がつけられるようになったのもマスコミや販売側の話題作りが背景にある。他方、すっかり定着した感があるエコ、健康志向、シンプルライフ、地産地消、そして地方創生などは、むしろ多品種少量の生産消費を前提とした漁業管理の考え方の側にある。短期間に現在の水産物消費志向や構造を変えることは非現実的かもしれないが、明確な目的意識と適切なアプローチを持って行動を起こしていくことで変わる部分や可能性も決して少なくはないはずである。

例えば、消費者の多くはスーパーで売られているマグロ類や他の魚がどのようにして漁獲され、流通し、売場にたどり着いたかについての知識に乏しい。まして、その消費が魚類資源の動向や環境負荷の増減にどのような影響を与えるかについての理解はない。他方、消費行動は与えられた情報により明らかに変化する。テレビでその効果が取り上げられた健康食品は一挙に売り上げを伸ばす。これは短期的なパルスの情報であるが、今やカロリー表示、アレルギー食材表示、消費・賞味期限表示は、消費者の購買決定に影響を与える重要で定着した情報である。しかし、これらの情報の表示が導入されたのも決して遠い昔ではない。

米国では、漁業資源の乱獲に対して消費行動に影響を与えることで阻止しようとする動きは以前からあるが、むしろこのような動きは資源管理への貢献としてではなく反漁業キャンペーンとしてとらえられてきている。１９９８年1月26日付タイム誌では、環境保護団体が、絶滅に瀕したメカジキを救うためにレストランでのメカジキ料理のボイコットを働きかけ、米国東海岸の一流レストランの少なくとも25人のシェフがこれに賛同し、メニューからメカジキを外すと報じている。メカジキの絶滅危惧については科学的な信ぴょう性に欠けるが、キャンペーンとしては大きく取り上げられ、その後も米国でのメカジキ消費行動に影響を与え続けている。また米国カリフォルニア州のモンテレー・ベイ水族館は１９９９年からシーフード・ウォッチというプログラムを立ち上げ、インターネットやパンフレットの配布を通じて資源状態の悪い食べてはいけない魚と食べていい魚のリストを提供してきており、米国での魚の消費行動に影響を及ぼしてきている。このリストではクロマグロは食べてはいけない（avoid）魚である。

また、ＭＳＣ（Marine Stewardship Council）やMEL Japan（Marine Eco-Label Japan）などのエコラベルも、消費行動に影響を与えることで需要構造を変えるという試みである。米国の大手量販店であるウォルマートなどはＭＳＣ認証を獲得した水産物を販売するとの方針を打ち出してきている。しかし、日本ではこのような取り組みへの量販店の対応や消費行動への影響は、米国などに比較して限定的であるという印象がある。

消費者行動を含む需要構造を、水産資源の持続可能な利用、食料安全保障の確保、環境負荷の軽減の方向にシフトさせていくことがこれからの重要な課題であろう。消費サイドが資源状態の悪化した資源への需要を刺激し続け、１キログラムの動物たんぱく質を作るために20キログラムの餌を必要とする養殖・畜養を拡大していては、いかに優れた保存管理措置と充実した監視取締のシステムが供給側である漁業に導入されても、常にこれらに反する漁獲圧力、違反操業などの脅威から逃れられない。また、その結果として地域漁業管理機関が有効に機能していないなどの批判の余地が生まれ、関連する漁業の全面停止などといった極端な主張が行われる。類似の例として、象牙の取引をめぐって、密漁や密輸を撲滅するために合法な象牙の国内市場を全面閉鎖するべきという主張が行われてきている。これはある意味ではスピード違反を撲滅するためにすべての自動車の使用を禁止するという主張と同等であり、本末転倒であるが、着実に支持が拡大しつつある。

需要サイドと供給サイドが食料安全保障などについて意識を共有し、乱獲の回避、資源の回復に向けて協力体制を構築することは可能であろうか。需要構造を短期間に急激にシフトさせることは現実的には極めて困難である。量販店の販売モデルや養殖・畜養ビジネス、消費者の嗜好(それがマスコミやPRで作られたものではあっても)、これらに対応した漁業実態は容易には変わらないし、一部だけが変わることも相互が密接に関連していることから難しい。しかし、需要構造も供給構造も歴史的には様々な変化を経てきたし、時にはきわめて急激・短期間にその姿を変化させてきたのも事実であろう。現在はちぐはぐとなっている資源の保存管理の方向性と需要・消費の方向性を共通とするための取り組みが実現すれば、変革は不可能ではない。また、多くの行政関係者や研究者は本稿が取り上げてきた問題をよく認識しており、様々な形でその解決に取り組んできていることも追い風となる。

参考となるのはスイスの食料政策かもしれない。スイスの国土は平地が少ないために農業生産には限界があり、その食料自給率は先進国の中でも低く49％程度である。しかし、食料備蓄政策や国産食料の消費促進の自覚が強いことは有名で、多くの消費者が安い外国産より一個60円程度もする国産の卵を購入するなど、国内食料産業を支えている。このスイスの状況と日本の違いはどこにあるのか。答えは単純ではなく様々な要因があるが、そのひとつは国民が自国の食料自給の状況をよく知っており、その結果として国産食料の消費促進、結果としての食料輸入に伴う環境負荷の軽減などが図られていると思われる。このような情報の普及はスイスの直接民主制の結果でもあるが、政府による情報提供も充実している。

他方、日本では見せかけの飽食の陰で、いかに日本の食料自給体制が脆弱であるかは十分認識されていない。ようやく食育への関心が高まってきてはいるが、その関心は主に健康な食の在り方や食に関する安心安全の面であって、食料安全保障にまでは十分至っていない。日々の食事の食材がどこからどのようにやってきて、それが環境にどれほどの負荷を課し、日本の食料生産産業を縮小させ、また、マグロ類などの漁業資源の保存管理に悪影響を与えているかを意識している消費者や小売産業は少ない。知識の欠如がスイスとの大きな違いのひとつである。農林水産省ではホームページやパンフレットを通じて食料安全保障に関する情報を提供し、食料の輸入途絶等の不測の要因により食料供給に影響が及ぶおそれのある事態に政府として講ずべき対策の内容等を示した、「緊急事態食料安全保障指針」を策定しているが、これらの情報はより広く普及が図られるべきであろう。

5　まとめとして

最後に、マグロ漁業に立ち返って、いくつかの提言を行ってみたい。

マグロ漁業の管理には様々な課題が存在するが、これを一挙に解決するような即効薬やホームランはない。今までに導入されてきた保存管理措置は基本的には方向性は正しいものであるが、必ずしもすべてが十分であったり、期待された成果を上げているわけではない。また、マグロ類の需要構造であれ供給構造であれ、それを短期間に大きく変えることには当然強い抵抗がある。しかし、いくつかの重要なマグロ類資源が過剰に漁獲され、食料安全保障の観点からもマグロ漁業の姿は再考の必要があり、さらに、フードマイレージなどに代表される日本の食の環境負荷が非常に大きいという現実を見るとき、より望ましい未来に向けてさらに実行可能な措置を考え、提示し、実現していくことが必要であろう。

本章では、トロへの需要がクロマグロやミナミマグロの養殖・畜養の拡大を促し、未成熟魚への過剰な漁獲圧力を生み、資源管理の側はこの圧力の下で未成熟魚の漁獲制限などに取り組むという、需要構造の目指す方向と資源管理目的の相克を指摘した。また、メバチマグロやキハダマグロに代表される量販店を通した少品種大量消費の構造と、漁業資源の本質的特性である変動性を伴う多品種少量供給の構造の間にやはり相克があり、資源管理の問題のみならず、さらにこれが生産者にとっては魚価安につながっていることも見た。このちぐはぐともいえる構造について食料安全保障、食の環境負荷の軽減という視点と方向性を共有化することで、マグロ類資源の保存管理措置の効果を高め、長期的には需要側にとっても供給側にとってもプラスの結果につながるのではないか。

個別の取り組みはすでに行われている。例えばクロマグロの完全養殖の達成は天然種苗への依存からの脱却につながり、多獲性魚種をベースとした飼料の配合の改善は環境負荷の軽減につながる。これに加えて、すでに「エコ」や「オーガニック」な商品へのシフトが見られる消費者に、トロや量販店のマグロの食料安全保障や食の環境負荷の視点から見た意味を適切に伝えることが出来れば、消費志向の変化、ひいては現在の需要・流通構造の変化につながるのではないか。この関連で、様々な魚食普及の取り組みが行われてきているが、単に簡便で食べやすい魚を多く食べてもらうことを目指すのではなく、食料安全保障や食の環境負荷の視点も入れた魚食普及活動とすることも望みたい。

需要側（消費、小売、流通など）と供給側（漁業者）、そして資源管理を受け持つ行政や漁業者団体などが、食い違った、時には相矛盾する方向性でマグロなど漁業資源にかかわるのではなく、目的意識を共有することは可能であろうか。（短期的な）利潤の追求という強力な経済原理の下では容易なことではないが、漁業資源の適切な管理も、食料安全保障の確保も、食の環境負荷の軽減も、そしてその結果としての長期的な持続可能な資源利用の確保は、決して経済原理に反するものではないことも指摘したい。

このような観点に関する議論や意見交換は、様々なメディアを見る限りでは広く行われているとは言い難い。むしろ関心が低いといっても過言ではない。さらに、資源の保存と管理のための規制措置の導入のニュースが、寿司が高くなる、トロが食卓から遠ざかるといった趣旨で報道されることがしばしばであることも問題である。この状況を変えていくための情報発信の強化や教育の場における取組は極めて重要である。浜（漁業関係者）と消費者をつなぐプログラムも行われてきているが、これもより強化されることが望ましい。

複雑で、時に時代遅れと言われる日本の水産物流通システムは、日本各地で獲れる様々な種類の水産物を、その量がまとまっていなくとも、新鮮なうちに、品質やコストを反映した適切な価格で多様な消費先に送り届けるシステムであった。多品種少量消費のシステムである。多様性を支えるシステムでもある。生物多様性の保護が重要であることと同様に、食の多様性は食料供給のレジリエンス（回復力、耐性、維持力）のかなめである。日本の水産物消費の動向はこの逆を行き、マグロ類を含む上位わずか4種（マグロ、サケ、イカ、エビ）が鮮魚への支出金額全体の約4割を占める。単純にかつての水産物流通システムに戻るべきとは主張しないが、より多様性を促進するシステムを目指すべきであろう。

マグロ漁業に限らず、より単純で大量の供給を目指すのは、世界の食全体の傾向である。10年以上前、当時ＦＡＯ事務局長だったジャック・ディウフはWorld Affairs Council of Northern California の会合で次のような警告を発している。

> １万２０００年前に農業が始まって以来、約７０００種の植物が人間によって栽培され、また採取されてきました。今日では、たった15種類の植物と8種類の動物が我々の食料の90%を供給しているのです。
>
> そのような限られた食料カゴの中から食料を得ることは、無謀で危険なことです。

今後のマグロ資源の保存と管理の在り方は、少品種大量消費ではなく多様性の確保を目指すべき水産業の未来の方向性の誘導灯としての役割を担っているといえるのではないだろうか。

参考文献

朝日新聞デジタル（２０１７年2月4日）「クロマグロの漁獲規制違反、新たに8県で判明　水産庁」

アジア太平洋資料センター（ＰＡＲＣ）水産資源研究会（２００８）「グローバリズム時代におけるマグロをめぐる漁業・養殖／流通／食――２００７年度（第2年度）調査報告書」

Ducarme, F., Luque, G. M., Courchamp, F.（2013）What are "charismatic species" for conservation biologists?

BioScience Master Reviews.
外務省（２０１６）「経済上の国益の確保・増進――漁業（捕鯨を含む）」http://www.mofa.go.jp/mofaj/gaiko/fishery/index.html
公益社団法人　日本水産資源保護協会「MEL Japan（Marine Eco-Label Japan）」http://www.fish-jfrca.jp/04/ecolabel.html
Lorimer, J.（2007）Nonhuman charisma : which species trigger our emotions and why ?. *Environment and Planning D : Society and Space*, 25（5）, 911-935.
中野秀樹、岡雅一（２０１０）『マグロのふしぎがわかる本』水産総合研究センター叢書、築地書館
農林水産省、平成27年漁業養殖業生産統計
農林水産省「食料自給率・食料自給力について」http://www.maff.go.jp/j/zyukyu/zikyu_ritu/011_2.html
The Magazine「スイス農政――成熟した食料純輸入国」http://www.thesalon.jp/themagazine/social/post-93.html
モンテレー・ベイ水族館「Seafood Watch」https://www.montereybayaquarium.org/conservation-and-science/our-programs/seafood-watch
総務省、家計調査年報
水産庁（２０１６）「太平洋クロマグロの資源状況と管理の方向性について」http://www.jfa.maff.go.jp/j/tuna/maguro_gyogyou/attach/pdf/bluefinkanri-1.pdf
水産庁（２０１６）「7-1．かつお・まぐろ類の地域漁業管理機関（ＲＦＭＯ）Tunas Regional Fisheries Management Organization」http://www.jfa.maff.go.jp/j/tuna/pdf/tuna_7.pdf
水産庁（２０１７）「かつお・まぐろ類に関する国際情勢について」http://www.jfa.maff.go.jp/j/tuna/pdf/tuna_all.pdf

第二章　捕鯨の思想を探る——論争を読み解く

秋道智彌

多様な捕鯨論争

２０１４年3月31日、オランダのハーグにある国際司法裁判所（ＩＣＪ）において、日本の南極海における調査捕鯨が事実上、中止の判決を申し渡された。判決にさいしての判事のうち豪州案に賛成意見は12人、反対意見は日本を含めて４人であり、判事16人のうち10人は反捕鯨国出身者であった。

この判決は２０１０年5月に豪州が日本による調査捕鯨は科学的研究のためでなく商業捕鯨であるとして提訴したことに起因する。日本は南極海だけでなく北西太平洋においても調査捕鯨を実施している。ハーグでの判決は豪州の南にある南極海を対象としたもので、豪州をはじめニュージーランド、アルゼンチン、チリなどの南半球の諸国はこぞって南極海をクジラのサンクチュアリ（聖域）とすることに賛同を表明している。一方、日本の北にある北西太平洋海域での調査捕鯨は対象とはならなかった。隣接する南極海への思いが提訴側にそれ相応にあったといえなくもない。かれらにとりロシア、米国が関与する北西太平洋は論外であったのではないか。もっとも、南極大陸は発見後から西洋列強が分割して領有権を主張しており、前述の南半球の国に加えて、英国、フランス、ノルウェーなどの北半球の国々が領有権をもつ。南極の領有問題は1959年の南極条約により凍結されている。

捕鯨の是非論が現代、国際的にも焦眉の課題であるとして、今回のハーグ判決が南極海における捕鯨に向けられた点に注意を喚起しておきたい。というのは、かつても南極海だけでなく世界各地で捕鯨活動に異議を唱えて実力行使による衝突が幾度となく起こっており、地域ごとの紛争に通底する問題点を洗い出すことが肝要であると考えられるからだ。周知のとおり、南極海は人間が居住している空間ではない。そこにおける捕鯨論争では生存のためにおこなわれる捕鯨は問題外である。商業捕鯨か調査捕鯨かをめぐる論争と、捕鯨か反捕鯨かが争点となる。後者の場合、シーシェパード（シーシェパード・コンサベーション・ソサイアティ）による日本の調査捕鯨にたいする妨害活動の違法性が問われた。調査母船や調査捕鯨船、目視船への体当たり、航行不能にさせるためのスクリューへのロープ投げ、甲板への酪酸投てきなどで、船体が損傷し負傷者が出ている（図1）。暴力行為にたいする日本側の提訴はシーシェパードそのものやシーシェパードの使う船の船籍が豪州であること、ないしは無国籍船であることなどに向けられたが豪州からの回答はなかった。また、シーシェパードとグリーンピースはたがいに無関係の団体ではなく、情報交換

図１　第３勇新丸の左舷船尾から衝突するシーシェパードの船。2010年２月６日［（財）日本鯨類研究所 提供］

を密にした反捕鯨活動を展開していることも明らかとなっている。

一方、世界の沿岸域では、小規模捕鯨をめぐってさまざまな衝突が起こってきた。こうした場では、捕鯨者と反捕鯨者団体との対立がメディアで大きく取り上げられてきた。たとえば、米国のマカー族の捕鯨再開や、日本各地でおこなわれるイルカ漁が反捕鯨運動の対象となった。北海のデンマーク領フェロー諸島におけるゴンドウクジラの追い込み漁と、イルカの海洋汚染問題など、捕鯨をめぐる論争は地域の文化、捕鯨の伝統と環境問題などとも関連しており、状況は錯綜している。国家が正面に出てくる場合はハーグ判決にあった通りだが、反捕鯨団体による実力行使は、国家を隠れ蓑としておこなわれてきた構図を読み取ることが肝要であろう。

以下では、捕鯨論争に関する問題点を6点挙げ、私なりのコメントを個別にくわえる。さらにそのなかで捕鯨をめぐる問題の背景となる思想や発想について検討してみたい。

1　生存と商業

第一は、捕鯨のカテゴリーに関連するもので、国際捕鯨委員会（ＩＷＣ）の規定する先住民生存捕鯨（aboriginal subsistence whaling）、商業捕鯨（commercial whaling）、調査捕鯨（research whaling）の定義と内容にふれた議論である。先述したハーグ判決では日本の調査捕鯨は商業捕鯨の隠れ蓑であると判断された。先住民生存捕鯨は、先住民の伝統的な狩猟・漁撈採集活動の一環としておこなわれるもので、その権利は是認されている。[3] 先住民生存捕鯨は商業捕鯨に先行して数千年以上の間おこなわれてきたこと、調査捕鯨は利益のためではなく鯨類の資源管理の科学的研究に資するもので歴史的にもっとも新しい。問題は3つの捕鯨を同時代で考えること自体に矛盾があることだ。

自給的な目的のためにおこなわれる生存捕鯨は現代では例外的とされている。人類史の発展段階からしても生存捕鯨は過去の残存であり、小規模で低位な段階にあるものとする史観が見え隠れしている。ＩＷＣにおける捕鯨のカテゴリー案の起草者は西洋中心主義的な考えにドップリつかり、生存捕鯨を劣位においたに相違ない。[24]

これまでの議論にあるとおり、先住民といえども時代の変化のなかでクジラ産物を物々交換の対象とし、あるいは商品として地域の市場で売るようないとなみが散見される。いかなる市場であっても商業的な取引に関与すれば、それで商業的捕鯨と言えるのだろうか。われわれがかつて議論したなかでは、少量の取引をともなう商業的行為では、プティ・コモディティ（petit commodity）と位置づけ、そうした商品の流通が地域の文化や社会的な連携を維持する重要な役割を評価すべきことを提案した。[10] 生存と商業を二律背反においてとらえるIWCの枠組みは時代にそぐわない硬直的な類別化であり、時代錯誤と言わざるをえない。

同様に、日本の調査捕鯨を商業捕鯨とみなす判断の論拠は、鯨肉を売って利益を上げた点に集約される。調査捕鯨は鯨類資源の動態を継続的に査定する不可欠の活動である。南極海における燃費高騰のための経費をねん出するために鯨肉を販売しているのではない。調査終了後に鯨肉は市場で販売されているのは事実であるが、これは国際捕鯨取締条約（ICRW）の規定でも、捕獲したクジラは可能なかぎり加工して利用しなければならないとされている。かつて、ヨーロッパ諸国は鯨油を採るために捕鯨をおこない、鯨肉を海上投棄する資源の無駄使いの愚行を繰り返してきた。調査捕鯨でサンプルを採取したあと、すべてホルマリン溶液で保存すべきというのであろうか。

カナダの人類学者であるM・フリーマンの指摘するように、原初的、単純、伝統的、非商業的、非貨幣経済的、地方的な特徴をもつ先住民捕鯨と、現代的、複雑、非伝統的、商業的、貨幣経済的、非地方的な性格の商業捕鯨とを対比的にとらえる考えは、過去においてはありえたかもしれないが、貨幣経済を基盤とする現代世界では意味のないものとなっている。[16]

ＩＷＣによる先住民捕鯨の定義では、日本やアイスランド、ノルウェーなどの先進国における捕鯨がすべて商業捕鯨であり、先住民捕鯨ではないと規定している。先住民であっても一部、商業的な行為を含むことがあると指摘したが、逆に商業捕鯨が営利のみを目的としてクジラを殺戮する行為であるとする紋切り型の発想はいわば教条主義である。イヌイットの捕鯨[17]や日本の沿岸小型捕鯨などでも地域の文化や儀礼とつながっており、社会的な連携を基盤とするものであるとすれば、人間の営為を商業性だけの観点で切り取ることは資本主義に毒された考えではないか。先住民捕鯨／商業捕鯨の区分は反捕鯨国にとってじつに都合のよい政治的便法なのである。[9]クジラではないが、カリブ海にあるニカラグアにおいては、先住民であるミスキート族による商業的なウミガメ漁がおこなわれている。[7]ウミガメの回遊路における関係諸国の共同管理の可能性が提唱されており、先住民だけでなく複数の民族と国家を含む新しい資源管理体制が模索されている。現代的な課題からしても、従来の古典的な図式はもはや当てはまらないことは明らかである。

マカー族の生存捕鯨

海を越えた米国ワシントン州に居住するマカー族（The Makah）は伝統的に１５００年もの間、捕鯨をおこなってきたアメリカの先住民である。マカーの人びとはかつてオリンピック半島先端部のフラッタリー岬から25キロメートルほど南にあるオゼット遺跡を残した人びとの末裔である。オゼット遺跡の住人の残した遺物は紀元前50年～紀元1510年までの先史・歴史時代にわたっている。[23] 出土した鯨骨は合計で3402点あり、このうち873点が同定された。内訳はコククジラ441点（50％）、ザトウクジラ406点（46％）でこの2種だけで97％を占める。残りはセミクジラ20点（2％）、ナガスクジラ6点（0・7％）に過ぎない。[25] コククジラとザトウクジラが沿岸域をゆっくりと回遊することと、船を怖がらずに接近する習性も捕獲率が高いことを示している。

のちの19世紀、マカー族は居住地を米政府に移譲するのと引き換えに捕鯨の権利を認めさせた。これが1855年1月31日に調印された「ニア・ベイ協定」（The Neah Bay Treaty）であり、日本近海でさかんに捕鯨がおこなわれていたのと同時代である。しかし、沖合でいわゆるヤンキー・ホエーリングがコククジラを対象としておこなわれた結果、コククジラ資源を絶滅寸前までに追い込むことになった。マカー族の捕鯨権も米政府により破棄された。

その後、コククジラの捕鯨は1920年代から中断され、1970年代以降は禁止された。しかし、1994年に絶滅危惧種の対象から除外された。マカー族のコククジラ捕獲とロシア・チュコトカ住民のホッキョククジラ捕獲はそれぞれ数十年にわたり捕獲がおこなわれていなかったが、1997年モナコで開催された第49回IWC年次会合でアメリカとロシアの共同提案がだされた。70年も捕鯨を中断したことの意味が多くの国々から疑問視されたが、総意により同意され、新たに割り当てが認められた。結局、北太平洋東部系統群のコククジラを米国先住民のマカー族に年平均4頭、ロシア・チュコトカ地方住民に年平均１２０頭とされた。ただし、米ロあわせて5年間の全捕獲頭数は６２０頭を上限とし、年間捕獲は１４０頭を超えてはならないと条件づけられた。

また、シベリア東端とアラスカ西端をはさむベーリング海・チュクチ海・ボーフォート海に生息するホッキョククジラは、アラスカのイヌイットに年平均51頭、ロシア・チュクートカ地方住民に年平均5頭が許可された。ただし、米ロあわせて5年間の捕獲可能数は２８０頭を上限とし、1年に銛を命中させたクジラの数は、逃がした分をふくめて67頭を超えてはならないとされた。年間限度内で命中できなかった15頭分は翌年に繰り越しが可能とされた。

こうした例にあるように、米ロの共同提案により、両国の先住民が捕獲枠を認められた形で合意に至ったわけであり、先住民捕鯨の今後を考える大きな出来事となった。先住民捕鯨が容認されたことを受け、マカーによる捕鯨再開が宣言された。マカー族は１９９９年5月17日、手差しの銛でコククジラ1頭を捕獲した。これにたいするシーシェパードなどの反捕鯨団体の攻撃が殺到した。もっとも19世紀のニア・ベイ協定に従えば、マカー族の捕鯨権は当然、認められてしかるべきものであった。また、ＩＷＣから人道的殺戮（後述）のためにライフル銃で即死させるように勧告されていたことが、反捕鯨団体の攻撃を助長することにもなった。ちなみに、私はデモンストレーションの現場でそのライフル銃の威力を実見したがすごい爆発音であった。なおその後、ＩＷＣの判断とは別に、米国連邦裁判所は２００４年に、米国内法の特例が適用されないかぎり捕鯨は認められないと判断した。これにたいしてマカー族は２００７年９月、コククジラ１頭を捕獲し、その違法性が指摘された。マカー族は米国の国内特例法による認可をめぐって政府と対峙している。

以上のべたように、生存捕鯨と商業捕鯨の二元的な枠組みは古典的であり、現代にそぐわないことを確認しておきたい。さらに、生存捕鯨と商業捕鯨とを対比することで、先住民がおこなう捕鯨の商業的側面に目をつむり、日本における捕鯨はすべからく商業捕鯨の枠組みに押し込めるような政治性は明らかである。反捕鯨勢力が環境至上主義の観点からあらゆる行動を正当化しているが、先住民の人権や生存権、文化の持続性などをまったく考えない点は強く批判されるべきであろう[5]。

2　多様な鯨食習慣

第２番目は、鯨食の倫理性・道徳性に関する要件である。「頭のよい」クジラや「かわいらしい」イルカを食べることは耐え難いことであり、倫理的、道徳的に許されないとする鯨食批判がある。しかしながら、人肉食（カニバリズム）を別として、鯨食への批判は食の価値観や習慣について文化ごとに特有であるとする文化相対主義への理解を完全に欠落したものである。宗教的な教義からキリスト教、仏教、イスラーム教、ユダヤ教だけをとりあげても、食習慣のちがいは厳然とある。ソウルでオリンピックが開催された時、韓国政府がイヌ料理屋を一時的に営業させなかったのは、イヌをペットとみる欧米人の反感をそらすための措置であった。2020年の東京オリンピック・パラリンピックのさい、東京からクジラ料理を自粛させるようなことがあるとすれば、誰のための措置であるのか疑問であろう。食をめぐる問題で自文化中心主義的な発想から相手を糾弾し、自分の考えを押し付けることなどできないはずだ。

鯨食の習慣は捕鯨をおこなう地域を中心に展開してきたことは間違いないが、食文化としてみれば宗教による規律や教義ではどうなっているのか。それのみならず、どのような階層がクジラを食べているのか。庶民層か王権や上流階級か、あるいはその両方かは興味ある問いであろう。たとえば、イスラーム教では「禁止」条項に関するハラーム（harām）の規定があり、該当する行為自体もハラームと称される。食に関していえば、ブタのほか、牙をもち他の動物を捕食する動物や、タコやイカ、ウロコのないウナギなどはブタとおなじように皮膚が露出しており、人間を病気にするような汚れが皮膚についている動物として禁忌とされる。しかし、ムハンマドの言行録である『ハディース』には、「海に由来するものは基本的に食べてもよい」とされている。つまり、クジラ・イルカは食べてもよいとされていることになる。ちなみに、日本政府は2013年、南極海で捕獲したクジラがイスラーム法に従って食肉処理されていることを保証するハラル認証書を同年11月24日に取得した。

ユダヤ教では、カシュルート（kashrut）とよばれる食事規定があり、『旧約聖書』の「レヴィ記」の記述に基づいて食べてよいものと食べていけないものを厳格に規定している。そのなかでよく事例にだされるのが、反芻しない、あるいはひづめが完全に分かれていないウマやロバであり、食べることは禁止される。これにたいして、食べてよいものはカシェル（コーシェル）とよばれ、反芻し、ひづめが完全に分かれているウシ、ヒツジ、ヤギ、シカ、カモシカなどの有蹄類が含まれる。また、鰭や鱗のないタコ、イカ、エビ、貝類、鰭はあるが鱗のないクジラ・イルカ、ウナギなどを食べることは禁止されている。

食習慣については、文化や宗教による多様性とともに歴史的な変化を承知しておく必要がある。地中海世界にキリスト教が流布する前の古代ローマでは、アピキウスの料理本にあるように、皇帝や貴族らはイルカの肉団子を賞味していた。イルカの肉団子にあえるソースには、ワインをベースとして、（イルカの）煮汁、タイム、クミン、オリーブ油、コショウ、タマネギ、酢などが加えられた。キリスト教が広まって以降でも、イルカはヨーロッパの王族たちが宴会で堪能したレシピであった。たとえば、15世紀前半、英国の王であるヘンリー5世やヘンリー6世はイルカの肉を好んだ。16世紀のフランスでもパリで1582年に開店されたトゥールダルジャンは鴨料理で有名だが、開店時にクジラやイルカが提供されていた。17世紀終盤の名誉革命がおこる時代まで英国ではイルカ料理が宮廷で賞味され、ヴィクトリア時代のヘンリー8世やエリザベス女王もイルカやクジラを食した[6]。

宮廷を中心にキリスト教世界でイルカ料理が持続した理由は何だろうか。キリスト教世界では四旬節をはじめとして肉食を禁じる断食の慣行が古代末期から継承されてきた。断食期間には、食事制限として肉、卵、乳製品の摂取が禁じられたが、断食の対象の肉が畜肉のみを指し、魚はふくまれないとする変化が起こった。こうして、一般には食事回数を減らし、畜肉を食べない日がファースト・デイ（Fast Day）、あるいはファースティング（Fasting）とされ、金曜日に肉の代わりとして魚が積極的に消費されるようになった。注目すべきは、タラ、ニシン、サケなどの魚類とともにイルカも魚の仲間としてファースティングに食された点である。さらに、指摘しておきたいのは魚肉と異なり、イルカの肉は畜肉とおなじ食感をもっていたことである。第二次大戦中も、英国では食料難の状況でイルカの肉が食されたようだが、古代・中世の平常時とは明らかに状況が異なっている。少なくとも多くの西洋諸国では鯨食の伝統は衰微したといえるだろう。

日本の場合を例にとろう。日本では縄文時代からイルカ・クジラの骨が各地で発掘されており、食料として利用されたことはまちがいない。能登半島先端部に近い真脇遺跡（石川県能登町）、朝日遺跡（富山県氷見市）、ツグメノハナ遺跡（長崎県平戸市）、三内丸山遺跡（青森県青森市）、東釧路貝塚（釧路市）、稲原貝塚（千葉県館山市）、称名寺貝塚（神奈川県横浜市）、加曾利貝塚（千葉県市川市）、鳥浜遺跡（福井県若狭町）などがその代表である。真脇遺跡の縄文前期後半から中期前半（およそ5300〜4800年前）の約160平方メートル（南北20メートル・東西8メートル）の遺跡から285頭分のカマイルカやマイルカの遺存体が見つかった（図2）。切断部位の大きさが均等であったことから、イルカ肉が分配の対象とされたことが示唆されている[1]。真脇湾内に群れで座礁したイルカを利用したのか、積極的な追い込み漁により捕獲したかはわかっていない。イルカ肉はおそらく土器で煮炊きするか焼いて食べられたとおもわれる。

日本では仏教の影響で、675（天武4）年4月、天武天皇は「肉食禁止令の詔」を発布している。ただし、肉食禁止は毎年4～9月末までであったことと、食用と狩猟が禁止されたのは、牛、馬、猴（サル）、犬、鶏の5畜で、鹿と猪（イノシシではなくブタ）は例外とされて肉食禁止が趨勢となる。一方で、クジラは勇魚（いさな）、つまり魚の仲間であるとされてきた。魚としてのクジラや、シカ、ウサギなどは度重なる肉食禁止令にもかかわらず、広く食用とされてきたことは日本の食生活史上、大きな特徴であろう。

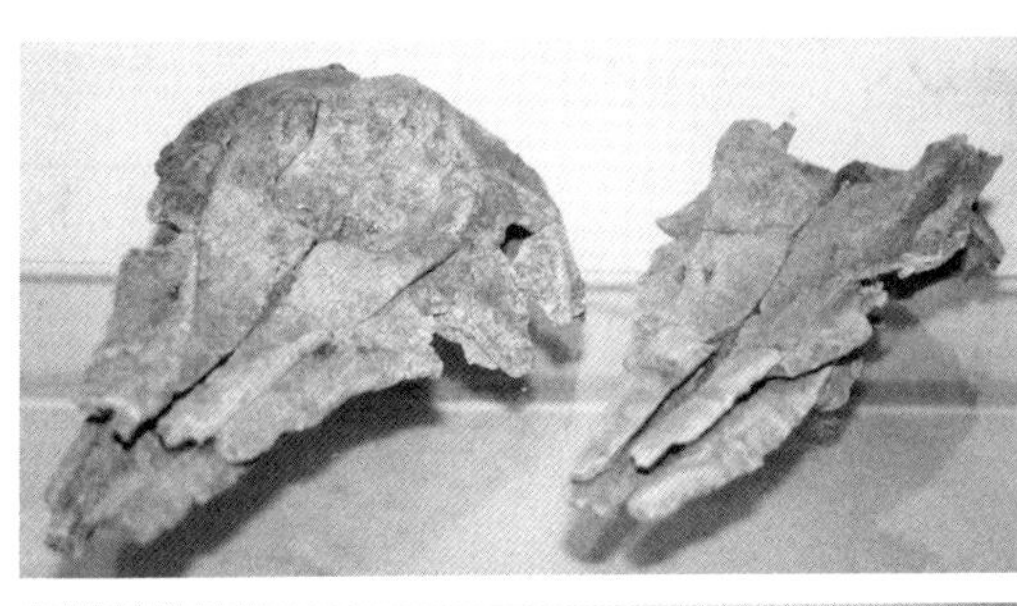

図2　真脇遺跡（縄文前期～中期）出土のイルカ骨
切断部位の大きさから，分配の単位であったことが示唆されている。

日本における鯨食の歴史的な連続性は注目しておいてよい。一部の意見で、戦後、GHQの計らいで南氷洋の捕鯨が許され、戦後生まれの子どもたちはクジラを食べた記憶があるだけとするノスタルジアは歴史を知らない人のたわごとである。クジラはヨーロッパにおけるファースティングにおける魚食の例とは異なるものの、魚の仲間として日本の歴史のなかで一貫して食用とされてきた。室町時代の料理本である『四條流庖丁書』には、「鯨は鯉より先に出してよい。その他の魚は鯉より下に置く」として、クジラは魚のなかでも最高の部類にあった。しかもこの時代、鯨肉は宮中や上流階級の間で贈答品として頻繁に活用された。16世紀の山科言継による日記『言継卿記』や『親元日記』、『三好筑前守義長朝臣亭江御成之記』、『証如上人日記』、『晴豊記』、『御湯殿上日記』などには、クジラが祝儀として宮中や武家へ献上されたことが記されている。このなかに、織田信長は知多（伊勢湾に入るクジラを師崎あたりで捕獲した）で獲れたクジラを宮中に献上している。のちの江戸時代、井原西鶴は『日本永代蔵』のなかで、京の町で皮クジラのすまし汁や味噌汁が食されていた、と記している。また、江戸のまちでは毎年12月13日の「煤払い」行事のさい、大騒ぎをしたあと、鯨汁がふるまわれた。江戸時代には庶民もクジラを賞味していたのである。

『料理物語』（1643（寛永20）年）には、10種の鯨料理が記述されている。太地からクジラは塩漬け、鎌倉漬け（3日間塩蔵した肉や脂を拍子木に切り、肉7・脂3の割合で、酒3・醤油7のつけ汁につけて樽で保存）として宮中や幕府への献上品とされた。

日本の近世後期に九州・平戸を基地として捕鯨をおこなった益富組の五代目益富又左衛門正弘の著した図録『勇魚取絵詞』上・下巻には、当時の捕鯨について詳細な記述がある。時代は1829（文政12）年、1832（天保3）年で、その付録である『鯨肉調味方』には最上の尾身から鹿の子、

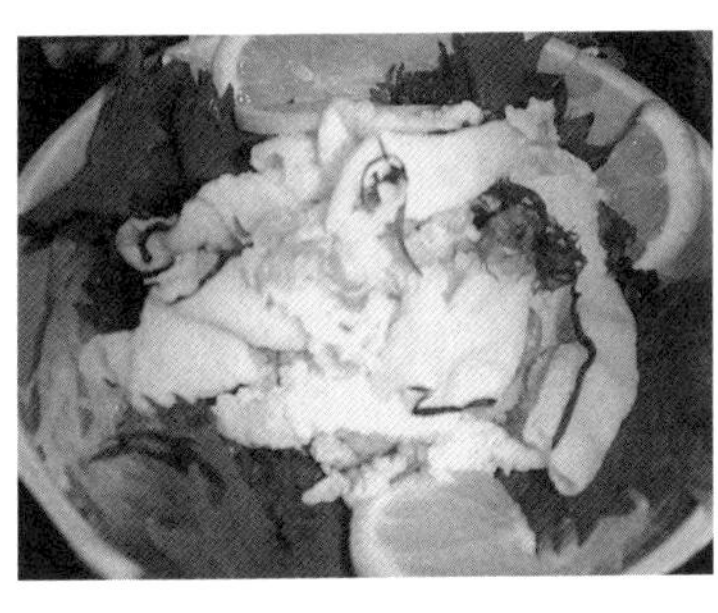

図3『鯨肉調味方』から復元した江戸時代の鯨料理三品（生月町にて）

赤身、黒皮、須の子、脂肪（コロ）、内臓、蕪骨、歯茎などや食べる価値のない部位まで70数種類もの調理法が記載されている。[12] 図3は『鯨肉調味方』の記載をもとに生月で復元されたクジラ料理である。

この節の最後に、クジラ・イルカ類の栄養価について指摘しておきたい。クジラの赤肉は低脂肪でタンパク質が豊富な食品である。赤肉は鉄分も多い。他方、脂肪にもドコサヘキサエン酸（DHA）やドコサペンタエン酸（DPA）などの人体に有益といわれる脂肪酸がマグロや他の獣肉に比して豊富に含まれている。最近、沿岸域に生息するイルカ肉にカドミウムや水銀の含有量が多く、これを食することの危険性が指摘されている。食物連鎖の上位にあるイルカを食べることで生物濃縮が起こるとする警鐘である。鯨食文化が海洋汚染により衰退することも懸念されており、食の安全・安心については食品の検査を厳重にすることが必要であることはいうまでもないが、汚染の地域差や鯨種によるバラツキもあり、注意喚起と流通における行政指導についてのあらゆる規制や条例の整備がのぞまれる。クジラ以外の食品についておなじような問題は無限に近く発生しており、クジラ・イルカだけに特化した汚染の議論を反捕鯨に結びつける言説に注意を喚起しておきたい。

3　動物福祉と人道的な殺戮法

第3は、捕鯨における人道的な殺戮に関する議論である。イルカの追い込み漁の最終段階で、もがくイルカを殺戮して周囲が血の海になる光景は見るものを壮絶な地獄絵と思わせる。大型鯨類の場合も、現代におけるように捕鯨砲で仕留めるさい、対象のクジラがどれくらい苦しむのかが議論されてきた。クジラのような哺乳類の場合には、人間とおなじような苦痛を与えるとされている。即死に近い殺戮方法が実施されているのかどうかという疑問がだされ、こうした情況に連動して人道的殺戮（Humane Killing）についての議論がなされてきた。まず、哺乳類のクジラが人間とまったくおなじでないにしろ「痛み」を感じる能力があると考えてもよい。だからといって、痛みを感じる動物を殺すことをすべてやめるようなことは現実的な議論にそぐわない。あらゆる動物がどれだけ苦痛を感じるかについての論争もある。動物の生体反応にたいする擬人主義と科学主義の意見の違いも大きい。

捕鯨でクジラを死に至らしめるまでの時間についての議論がある。日本では１９８０年代に開発された新型爆発銛（ペンスライト）が第35回ＩＷＣにおいて高く評価された。この方法によるミンククジラの捕殺時間は、平均2分24秒（南氷洋）、平均1分14秒（沿岸域）であった。また、一番モリでクジラを即死させることができなかった場合、電気ランスを用いる方法があり、今後の改善が期待されている。この問題にかかわった東京大学の林良博によると、「人道的」な捕鯨法は、ミンククジラにたいして「人道的」であると同時に、捕鯨に携わる人びとにたいする「安全性」、また鯨肉を食する人ひとにたいする「安全性」が総合的に計られる必要があり、背景として家畜屠殺と実験動物の取扱指針に基盤をおいて動物福祉を考えるものと位置づけている。食文化における調理や処理方法に人道主義を持ち込むことや生命倫理の議論は今後もつづくだろう。

4　捕鯨とホエール・ウォッチング（Whale watching）

昨今大きな議論となってきたのは、捕鯨による利益とクジラを殺すことにくらべて、ホエール・ウォッチングのほうがより多くの利潤をあげ、地域の振興と雇用の創出につながるとする意見が浮上してきたことである。ＩＷＣ総会の冒頭でも、各国の所信表明の場で多くの反捕鯨国は、ほぼおなじような論調でホエール・ウォッチングの優位性を提起している。たとえば、英国は

「唯一にして真にクジラを持続的に利用する方法と規律のあるホエール・ウォッチングを引き続き進めるであろう」とした。また、アルゼンチンはブラジルとの共同声明として「緊急に必要なのは、ホエール・ウォッチングにより、殺すことなく鯨類を利用することで沿岸の共同体が直接の恩恵を受ける権利について検討することである。ホエール・ウォッチングは、観光産業に付加価値をつけ、新たな就業の機会をつくり、環境教育を促進し、捕鯨の行われていない地域の持続的な発展のための保全運動を高める」とした。[2]

捕獲よりも観ることが地球全体にとってもよいとする価値判断が浮上したわけである。ホエール・ウォッチングを進める非政府団体の中心は2013年に設立された国際動物福祉基金（IFAW：International Fund for Animal Welfare）である。IFAWはIWCの総会における意見として、「科学的な調査のためにクジラを殺すことは、科学の倫理からしてそぐわない」と表明している。[18] グリーンピースも、「クジラに関するいかなる産業の未来は捕鯨ではなくホエール・ウォッチングにある。ホエール・ウォッチングは80以上の国々で実施されている持続的な産業である。この産業は世界で3億ドル以上の収入をもたらし、とくに発展途上国に寄与している」と言明している。

IWCにおける総会では国ごとの意見表明がなされるが、反捕鯨国、捕鯨推進国を問わず、グレイな立場にある加盟国を自分たちの側に引き寄せて投票などのさいに多数決を勝ち取るためのロビー活動がおこなわれるのが常套である（表1）。ホエール・ウォッチングの問題でも、クジラをめぐる政治活動のあったことを報告する論文もある。たとえば、EvansとMoyleによると、IWCの加

表１　国際捕鯨委員会における捕鯨賛否に関する勢力分布（2012年8月現在）

地域・賛否	賛　成	中間派	反　対	合　計
アジア＊	6	2	2	10
アフリカ	16	0	2	18
オセアニア	5	0	3	8
ヨーロッパ	2	1	28	31
北米・カリブ海	5	（1：不明）	1	7（1）
中央・南米	1	0	14	15
合　計	35	3（1）	49	89（1）

＊アジアでは、賛成国（日本、韓国、ロシア、ラオス、カンボジア、モンゴル）、中間派（オマーン、中国）、反対（インド、イスラエル）。

盟国である多くの南太平洋諸国へ働きかけ、南太平洋におけるクジラの聖域を認めさせようとして、誇大な経済利益を生むとする言説を提示した。[15・20]この背景には、グリーンピースや豪州、ニュージーランド政府がＩＷＣの年次会合でも、ホエール・ウォッチングが持続的な捕鯨よりも経済効果があり、経済自立の切り札となるという神話を押しつけようとした。

一方、捕鯨推進国は、クジラのなかで絶滅に瀕するシロナガスクジラなどは絶対に捕獲は許されないが、ミンククジラは資源量が十分にあり、捕鯨によるクジラ資源の持続的な利用は可能であるとしている。さらに、クロミンククジラは南氷洋で70万頭以上生息するとの科学的根拠を提示し、さらにクロミンククジラと、絶滅に瀕するシロナガスクジラがオキアミなどの餌を取り合う競合関係があり、シロナガスクジラの保全上の点からも適正な捕鯨の必要性を提起している。ただし、生態学者らは2種間関係だけですべてが決定されるとは考えていない。

捕鯨国と反捕鯨国の溝は大きいが、ここで注目しておきたいのはホエール・ウォッチングと捕鯨のいずれの場合も地域性に着目する視点がたいへん重要であるということである。というのは、捕鯨とホエール・ウォッチングのおこなわれる海域は、両者がおなじ地域に共存する場合から、地域は異なるが捕鯨地域とホエール・ウォッチングの地域が一国のなかでも分離している場合、さらに歴史的に捕鯨のおこなわれた地域で現在、ホエール・ウォッチングのおこなわれている場合とがある。同一地域で捕鯨とホエール・ウォッチングがおこなわれる場合でも、その対象がかならずしもおなじであるとはかぎらない。

例を挙げよう。米国ではこれまで述べたようにアラスカでは先住民による捕鯨がおこなわれているが、カリフォルニア州ではコククジラのホエール・ウォッチングがおこなわれている。日本では、和歌山県太地でゴンドウクジラ、バンドウイルカ、コビレゴンドウなどの追い込み漁がおこなわれるとともに、沖合いのマッコウクジラのホエール・ウォッチングが実施されている。太地町立くじらの博物館ではイルカやクジラのショウが開催されている。北海道の知床半島では、網走を基地とするミンククジラやニタリクジラの小型沿岸捕鯨の漁場がオホーツク海域であるし、羅臼をベースとするホエール・ウォッチングが夏季におこなわれる。ここではミンククジラ、シャチ、マッコウクジラを観ることができる。米国西岸からカナダ南部にかけては北西海岸インディアンと一括して呼ばれる先住民がクジラやアザラシ、オットセイなどの海生哺乳類を資源として利用してきた。カナダのバンクーバー島にあるヴィクトリア市ではホエール・ウォッチングがおこなわれている。この海域ではマカー族が捕鯨を1997年以降に70年ぶりに再開したことは前にふれた。おなじ地域であるとはいっても捕鯨の漁場とホエール・ウォッチングの場所はまったく重なるわけではないことも覚えておこう。

また、歴史的に見ると、捕鯨はホエール・ウォッチングに先行する。日本の小笠原諸島もかつては捕鯨がおこなわれた海域であり、現在ではホエール・ウォッチングがおこなわれている。北海道噴火湾では、イシイルカ、ミンククジラ、カマイルカ、シャチなどがホエール・ウォッチングの対象となる。かつて噴火湾では北海道アイヌによる捕鯨がおこなわれた。シャチはクジラを沿岸に追いこんでくれるカムイ・フンペ（神のクジラの意味）と見なされている。[8] また、縄文時代に相当する時代、噴火湾の沿岸にある南茅部町（現函館市）にある大船C遺跡や八雲町コタン温泉遺跡から鯨骨が多数見つかっている。縄文時代から噴火湾のクジラが利用されたことは明らかだ。

捕鯨とホエール・ウォッチングをクジラの消費と非消費、経済的価値の優劣で論じる紋切り型の論争は人とクジラの多様なかかわりあいに黒白をつけるものであるのであまり感心しない。水族館で飼育されるイルカやクジラをめぐる論争では、動物を飼育することの虐待論から、実物にふれる体験の有効性、環境教育上の有効性などの点が議論されている。最終的に水族館のもつ多様な役割は持続的に維持されるべきであり、クジラ・イルカと人とのかかわりを考えるうえでも重要な布石となることは間違いない。

5　生態系と捕鯨・漁業

2000年代初頭、北太平洋のミンククジラの捕鯨をめぐり、生態学者との間で議論があった。というのは、ミンククジラの胃袋から大量のサンマやイカが見つかったことが発端となった。人間が漁獲するサンマやイカをミンククジラが餌とすることで、漁獲にも影響がおよぶ。だから、個体数の多いミンククジラを間引きするのは漁業の観点からも重要であるとする議論が水産庁から発信された。たしかに、捕鯨と漁業の競合関係は議論の材料となるかもしれない。ところが、生態学者からはクジラが食べる餌と人間による漁獲対象をおなじレベルで考えるのはおかしいとする疑義が出された。たとえば、イシイルカが摂食するスケトウダラが多いのでスケトウダラの漁獲に影響があるとする考えがある。また、ミンククジラがマイワシを摂食するが、ミンククジラ以外にも多くの魚食性魚類や海鳥もイワシを捕食しており、クジラだけの捕食がイワシ漁に影響をあたえるとする議論はただちに認めがたい。生態系全体を考慮すれば、1〜2種のみで捕食—被捕食関係を断定できないとする意見が多い。横浜国立大学の松田裕之は、クジラによる餌生物の捕食がその生物の個体数を減少させるとはかぎらないと指摘している。[11]

生態系のなかで特定の種の占める役割から、その種の個体数が大きく減少することにより、その影響が生態系に大きな影響をあたえることがある。この場合、その種をキーストーン種（keystone species）と呼ぶ。この概念は生態学者のR・T・ペインにより提唱された。ペインは北太平洋の潮間帯を実験の場として、固着面を競合する関係にあるカリフォルニアイガイとフジツボが、両者の捕食者であるヒトデがいる場合、問題は起こらないが、ヒトデを人為的に除去するとカリフォルニアイガイが岩礁を独占し、ほかの生物が減少した。この場合、ヒトデがキーストーン種となる。[21・22] 同様にラッコについての例から、ラッコの減少で餌としたウニが増加した。その結果、ジャイアントケルプがウニにより食われて海中林が減少し、生態系にも由々しい変化が起こった。この場合もラッコはキーストーン種とされる。[13] また、エステスらはシャチとラッコの捕食・非捕食関係に言及し、シャチ、ラッコ、ウニ、ジャイアントケルプをつなぐ食物関係の重要性を指摘している[14]（図4）。わたしはミンククジラを指標種として、北西太平洋における生態系の問題を捕鯨と漁業を含めた広域の研究が今後おこなわれるように期待したい。

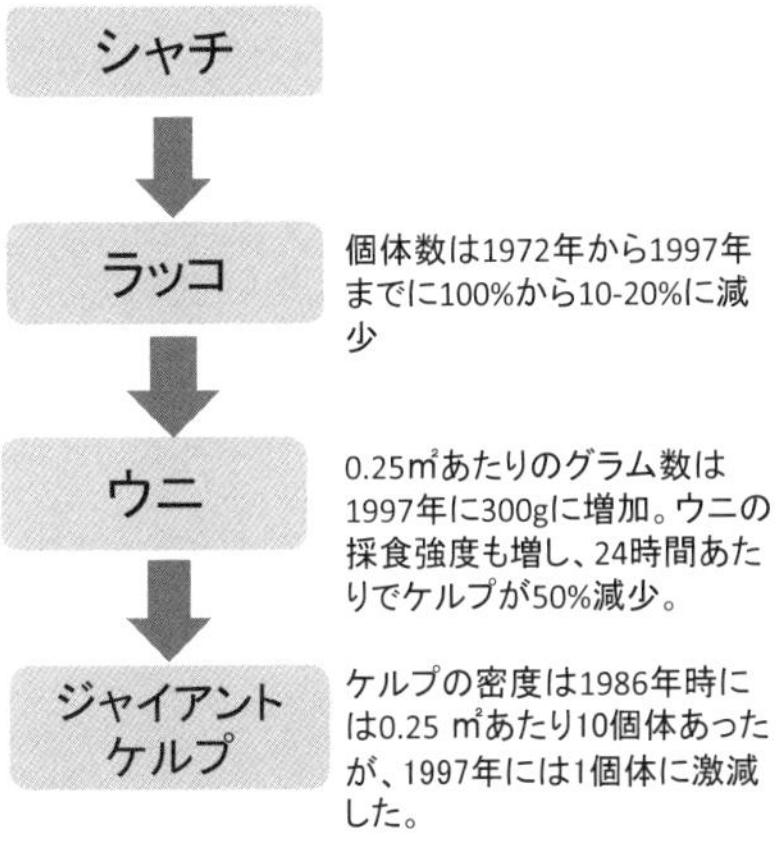

図４　北太平洋の米国西岸における生態系とキーストーン種[14]

捕鯨と漁業――混獲とイルカ・クジラの受難

長崎県壱岐島の北端にある勝本浦ではブリ一本釣り漁がおこなわれていたが、イルカの大群がブリを食害することによる漁業被害が1965年以降に顕在化し、地域の漁民を困窮させていた。そこで漁民は和歌山県太地や静岡県伊東市の富戸など、イルカ追い込み漁の現場から漁法をおそわり、1976年からイルカ捕獲による漁業被害を守ろうとした。イルカの捕獲の情報は、海外の『ナショナル・ジオグラフィック』誌に1979年に掲載され、一躍、海外にもしられるようになった。また、漁業のためにイルカを駆除し、その肉が肥料とされていたことも環境保護や動物愛護の団体を刺激した。活動家がつぎつぎと壱岐を訪れ、漁民の説得などを繰り返した。

そして、1980年、米国のグリーンピースの一員である若者が夫妻で来島し、捕獲して網生け簀に入れておかれたイルカを逃がす実力行動に出た。このことがあって、その青年は逮捕され、同年に長崎地裁佐世保支部で裁判が開廷された。審議には、動物の権利を提唱するP・シンガーも参考人として意見を述べた[4]。陳述意見の応酬のなかで、野生のイルカを殺戮することと、家畜としてウシやブタを殺して食べることが議論の争点となる場面があった。原告側は、野生のイルカは主が創造したものであり、人間がむやみに殺すことは間違いである。ウシやブタは人間家畜として管理し、支配しているのでこれらを殺すことは問題ないと答弁した。この考えは『旧約聖書』創世記にさかのぼって考えることのできる思想であり、キリスト教的な人間中心主義であるといって差し支えない。ただし、キリスト教に根差した主張をするとしても、クジラだけを野生動物として位置づける発想は少し無理がある。よく引き合いに出される英国でのキツネ狩りは野生動物の狩猟にほかならない。イスラーム教、ユダヤ教、仏教、ヒンズー教などのいわゆる大宗教と比較して考えても、野生動物と家畜とでその狩猟殺戮の是非が決定されるとする思想は普遍的なものでは決してない。

スーパーホエール論とアンチ・スーパーホエール論

ノルウェー・オスロ大学のA・カランドは1990年に反捕鯨者を含むグループの言説に注目し、スーパーホエール論（superwhale）を公表した。[19] これは、79種類（当時）いる多様な種類のクジラ・イルカ類を捕獲し、殺戮する捕鯨国を批判する言説が、それぞれの種がもつ特徴や意義を一括してまとめて議論しようとする操作主義であるとして批判し、さまざまな特徴をあわせもつ架空のクジラをスーパーホエールと位置づけた。

たとえば、シロナガスクジラは地球上で最大の動物として特別な位置を占めている。マッコウクジラは人間（脳重量は成人男性で約1・4キログラム）にくらべて比較にならない8～10キログラムの大きな脳をもち、地球上の動物で最大であることが知られている。ザトウクジラはさまざまな歌をうたうクジラである。イルカは海で遭難した人間を無事に陸まで運んでくれる人間の友達である。しかも、イルカは可愛くて、人なつっこい。これはコククジラについてもあてはまる。シロイルカ（ベルーガ）はまれな白色をしている。カワイルカは絶滅に瀕しており、稀少な動物である。以上のような種ごとに異なる性質や属性をあたかもすべて体現するのがスーパーホエールであり、だからクジラを殺すことはとんでもないとする発想へと導入する論を反捕鯨団体らが煽って一般の人びとに訴えているとカランドは指摘した。

しかし、個々のクジラ・イルカの位置づけ自体が正当なものであるとはかぎらない。このことをアンチ・スーパーホエール論と位置づけ、いくつかの例を挙げてみよう。シロナガスクジラは絶滅に瀕している最大のクジラであるが、クジラにはクロミンククジラのように70万頭いると推定されている種類があり、このような種類はスーパーホエール論では問題とされない。マッコウクジラと人間の脳重量を比較する場合、脳重量を絶対値としてではなく体重量比でみると、人間の脳重量（1370グラム）は体重（65キログラム）の2・1%であるが、マッコウクジラの成獣オスで体重を46トンとすると、脳重量は0・92キログラムであり、その比率は0・02となる。むしろバンドウイルカの方が体重250キロで脳は1・5キログラムであり、体重量比は0・6でマッコウクジラより大きいことになる。

ザトウクジラは歌をうたうとされるが、クジラ・イルカ類は海中でエコーロケーション(echolocation)、つまり反響定位の優れた能力をもつことで一般に知られており、ザトウクジラの音響学的な分析結果を「歌」を歌うとする擬人的な位置づけは科学的とはいえない。ザトウクジラよりもハクジラやイルカ類で顕著な反響定位の能力が知られている。

イルカが人間を陸に運ぶとする伝説は古代ギリシャ・ローマ時代から語られてきた。たとえば、

図５　鯨塚：宮城県気仙沼市唐桑半島の御崎神社周辺にある鯨塚

シチリア島の音楽祭で優勝した楽人アリオンが賞金をもって帰路についたさい、船長らの暴挙で海に飛び込む羽目にあう。そのさい、琴を弾いて歌をうたうと、どこからともなくイルカの群れがやってきた。イルカは海に飛び込んだアリオンを背中に乗せて無事、陸に運んだ。イルカはギリシャ神話で海神であるポセイドンの使いともされている。プリニウス『博物誌』第九巻には、イルカは航海の季節を人間に教え、「鳥よりも速く、投槍よりも速く突進する」海の生き物とされていた。

イルカが人間を助ける話は日本にもある。江戸時代、宮城県気仙沼の唐桑半島御崎には、船が沖合で遭難したさい、白い２頭のクジラがあらわれて両方から漁船を抱えるようにして御崎神社沖まで無事に運んだとする伝承がある。このことから、御崎神社すぐ近くには鯨塚がある

（図5）。また、御崎神社の氏子はクジラを食べない。気仙沼は周辺に鮎川、石巻などの捕鯨基地があり、むしろこの地域で鯨肉はふつうに消費されてきたが、人命を救助してくれたから食べないとする伝承がある。

以上のように、スーパーホエール論にたいする反論はいくつもあり、ここでアンチ・スーパーホエール論として提起しておきたい。

6　生物多様性とクジラのシンボル論

人口爆発、生物多様性の減少、環境劣化、温暖化による生態系の大変化などの由々しい問題が日常のなかでも語られるようになった。過去20年ほどの間に、「環境と開発に関する国際連合会議」（1992年）、「持続可能な開発に関する世界首脳会議」（2002年）、そして、国連持続可能な開発会議（リオ＋20）（2012年）が開催され、地球環境問題を世界で語る時代にある。こうした情況で、海のクジラはどのようにとらえられ、位置づけられてきたのか。一口で言えば、環境保護派はクジラは環境を保全し、地球を守るシンボルと位置づけてきた。セーブ・ザ・プラネット（地球を救おう）のメッセージは、セーブ・ザ・ホエール（クジラを救おう）のメッセージと同義であるかのごとき言説として訴えられてきた。その延長でクジラやイルカを殺すことを残酷な行為として糾弾し、捕鯨活動や鯨食を否定する世論と運動が大きなうねりを形成してきた。国際捕鯨委員会のおこなわれた会場の外で、和服姿の日本人女性にトマトケチャップを投げつけるような行為もあえて辞さない狂信的な反捕鯨の人間を生んできた。さらにその突出した行動がシーシェパードによる捕鯨船の活動の妨害や暴力行為であったことはよく知られている。かれらの矛先が日本に向けられたことも周知の事実である。

野生動物のおかれた危機的な位置は国際資源保護連合（ＩＵＣＮ）の指摘にもある通り、クジラだけでなくウミガメや海鳥、サンゴなど多種類の海洋生物に及んでいる。さらには、陸域の動植物にも絶滅危惧が指摘された種が多くあり、まさに地球規模での広い観点からの理解が求められているのが現状であろう。

ではなぜ、地球全体の危機がクジラと結びつけられたのか。この種の議論は、生態学や生物学を基盤とする自然科学的な観点だけからではどうしても無理がある。クジラやイルカにたいする文化的な価値づけや動物観がカギを握るといっても過言でない。もちろん、クジラにたいする観念や思想は時代とともにかわってきた。単純に考えても大洋に生息するクジラと人間との出会いは、海岸に漂着する個体に接する場合と、船による航海や漁撈を通じて遭遇する場合とではまったくちがう。さらに、そのクジラを捕獲する技術の性格によりクジラ観も大きく変わるであろう。

メディア・ホエール論（Media Whale）は、クジラのもつ神聖性、偉大な生き物、地球環境保護のシンボル的な存在としてのクジラを図像情報として表現する主張である。たとえば、１９８８年10月、アラスカのバロー沖（北極圏のボーフォート海）で氷に閉じ込められた3頭のコククジラを救出するため、当時の米ロ政府（R・レーガンとM・ゴルバチョフ）が共同して救出作戦を実施した。この措置に世界中のメディアが注目し、クジラを救うことが政治を超えた地球の重要な課題であることが印象づけられた。ただし同時に、コククジラ3頭の救出に膨大な経費がかかり、世界の方々で餓えのために苦しむ人びとの救済にはなんの配慮もなく、大国がクジラの救出をやってのけたことへの批判ともなった。このようにクジラを地球環境のシンボルとして扱うことの政治性を顕在化させた。さらに、クジラ救出劇が反捕鯨運動に利用されたことも明らかであった。

以上、6点について捕鯨と鯨食の問題を論じたが、IWCにおける議論や反捕鯨国や団体の批判や攻撃のみにたいして受け身に回る必要はサラサラないことを理解していただけただろうか。捕鯨・反捕鯨についての議論を広範な分野を踏まえて複眼的に展開することは今後とも重要であり、政治に偏することのない文化と科学を基盤とする議論を訴えていく責務がある。商業捕鯨の推進を主張する日本がおなじく捕鯨をおこなってきたノルウェー、アイスランド、デンマークなどや、先住民捕鯨を認めつつ捕鯨に反対する米国やロシアの立場を是正する強力な論理を展開することが重要であろう。生存と商業の対立図式など、西洋社会が構築してきた世界観に挑戦することは喫緊の課題である。新しい資源観、生物観を構築するためにも捕鯨問題は地球の未来への布石となることは間違いない。

参考文献

[1]秋道智彌（1995）『クジラとヒトの民族誌』東京大学出版会
[2]秋道智彌（2013）『クジラは誰のものか』筑摩書房
[3]岩崎まさみ（2011）「先住民族による捕鯨活動」松本博之（編）『海洋環境保全の人類学』国立民族学博物館調査報告、97、197～224頁
[4]勝本町漁業協同組合勝本町漁業史作成委員会（1980）『勝本町漁業史』勝本町漁業協同組合
[5]岸上伸啓（2009）「文化の安全保障の視点から見た先住民生存捕鯨に関する予備的考察――アメリカ合衆国アラスカ北西地域の事例から」国立民族学博物館研究報告、33-4、493～550頁
[6]E・J・シュライパー（細川宏・神谷敏郎訳）（1984）『鯨』東京大学出版会
[7]高木仁（2017）「自然資源の利用に関する環境人類学的研究――ニカラグアの先住民による商業的ウミガメ漁の事例」総合研究大学院大学博士論文
[8]名取武光（1945）『噴火湾アイヌの捕鯨』北方文化出版社
[9]浜口尚（2013）『先住民生存捕鯨再考――国際捕鯨委員会における議論とベクウェイ島の事例を中心に』389頁
[10]ミルトン・フリーマン（編著）（高橋順一他訳）（1989）『くじらの文化人類学――日本の小型沿岸捕鯨』海鳴社
[11]松田裕之（2006）「鯨類とその餌生物である魚類との関係」宮崎信之・青木一郎（編）『海の利用と保全――野生動物との共存を目指して』サイエンティスト社、203～223頁
[12]吉井始子（編）（2007）『翻刻――江戸時代料理本集成』第八巻、臨川書店、275～292頁
[13]Estes, J. A. (1995) Top-level carnivores and ecosystem effects: questions and approaches. in Jones, C. G. and

Lawton, J. H., eds. *Linking Species and Ecosystems.* Chapman and Hall, 151-158.

[14] Estes, J. A., Tinker, M. T., Williams, T. M., Doak, D. F.（1998）Killer whale predation on Sea Otters linking oceanic and nearshore ecosystems. *Science*, 16; 282（5388）, 473-476.

[15] Evans, M. and Moyle, B. J.（2001）Study slums whale watching benefits as false economics? *The International Harpoon.*

[16] Freeman, M. M. R.（1993）The international whaling commission, small-type whaling, and coming to terms with subsistence. *Human Organization*, 52（3）, 243-251.

[17] Freeman, M. M. R. *et al.*（1998）*Inuit, Whaling, and Sustainability*. Altamira Press.

[18] Hoyt, E.（2001）*Whale Wachings 2001-Worldwide Tourism Numbers, Expenditures and Expanding Socioeconomic Benefits*. International Fund for Animal Welfare.

[19] Kalland, A.（1993）Whale politics and green legitimacy. *Anthropology Today*, 19（6）, 3-7.

[20] Moyle, B. J. and Evans, M.（2008）Economic development options for island states: the case of whalwatching. *Shima: The International Journal of Research into Island Cultures*, 2（1）, 41- 58.

[21] Paine, R. T.（1966）Food web complexity and species diversity. *American Naturalist*, 100, 65-75.

[22] Paine, R. T.（1995）A conversation on refining the concept of keystone species. *Conservation Biology*, 9, 962-964.

[23] Pascua, M. P.（1991）Ozette: a Makah village in 1491. *National Geographic*, 180（4）, 38-53.

[24] Reeves, R. R.（2002）The origins and character of 'Aboriginal subsistence' whaling: a global view. *Mammal Review*, 32, 71-106.

[25] Wessen, G.（1990）Prehistory of the ocean coast of Washington. in Suttles, W. ed. *Handbook of North American Indian*, Smithsonian Institution, 7, 412-421.

第三章　震災復興とエリアケイパビリティー

黒倉　寿

1　視点

２０１１年の東北大震災津波災害以後、様々な分野の研究者がそれぞれの専門知識・技術を駆使して、被災地の復興に貢献した。これは、水産学の分野でも同じであり、災害直後の被災状況の調査、資源や生態系への影響調査、地域に適した漁労、養殖、加工、流通技術の開発とそれらの情報発信など、多くの水産学者がそれぞれの専門の立場から震災復興に貢献しようとした。その成果は徐々に表れている。筆者がそのような方々をさておいて、震災復興について何かを語ることができるとすれば、水産以外の分野も含めて、地方自治体の産業復興・地域振興の全体の戦略かかわろうとした経験であろう。筆者は、２０１３年4月から２０１５年3月の2年間、産官学連携プロジェクトである東京大学大槌復興イノベーションの代表を務めた。その経験を書くことによって、エリアケイパビリティーの（地域の自然環境や資源を、地域の共有財ととらえて、地域の合意に基づいて持続的・効果的に利用する能力）涵養を地域社会の中で実現するための方法について、参与観察的に得られた情報を提供できるかもしれない。筆者はこのプロジェクトは成功したプロジェクトとは言えないと思っているが、成功か失敗かはそれ自体は問題ではない。失敗したプロジェクトであっても失敗から学ぶということはある。現実は、葛藤に満ちたものであり、様々な経緯で成功したり失敗したりする。関係者の考え方の違いや利害の対立も成功しなかった原因の一つだろう。小論は、事実を筆者の目を通して記録したものであり、公平にみて客観性が担保されたものではない。記述には具体的な人物名が特定されないように注意を払うが、筆者が東京大学大槌復興イノベーションの代表を務めたことは、すでに公知のことである。具体的なプロジェクトの詳細な経緯を知る人物にとっては、個人の特定は容易である。対立する立場や個人に対する批判は小論の目的ではない。この文章によって不快な思いをされる方がおられないように、細心の注意を払って小論を書き進めるつもりであるが、もしそのように感じられるならば、あらかじめお詫びしたい。東京大学大槌復興イノベーション協創事業を失敗プロジェクトととらえるならば、その失敗の原因は、代表であった筆者の行政とビジネスに対する無知が原因である。その責を負うべきは筆者である。

2　大学が復興にかかわる

筆者は、震災復興の直後（プロジェクトの開始以前）から、間接的にではあるが、三陸沿岸の復興にかかわった。具体的には、２０１１年の4月から、土木学会を中心に行われた被害実態の調査に参加した。その関係もあって、２０１１年の夏に行われた、大槌町の復興にかかわる住民集会に参加した。東京大学も、震災直後から被災地の支援に積極的にかかわろうとした。中でも大槌町の復興には初期の段階から多くの研究者がこれにかかわった。それは、東京大学大気海洋研究所の施設（東京大学大気海洋研究所国際沿岸海洋研究センター）がこの町にあったためである。大槌町と東京大学は２０１２年3月に、大槌町と同センターの復旧復興に対する協定を結んでいる。生物海洋学と水産学は似て非なる学問である。生物海洋学は、海洋にかかわる生物一般をあつかう純粋な生物学である。水産学はそれらの知識を応用しておこなう産業研究である。海その他の水域を使った人間活動にかかわる、社会システムや産業の在り方の問題は水産学の担当である。筆者に声がかかったのは、大学院生時代にこの地で研究していたために多少の土地勘がある水産の研究者だと思われたためであろう。海洋研究関係のどなたかが、産業対応・復興対応用委員として筆者を推薦してくださったのであろうと推測している。

町の復興、すなわち、新しい街の設計（空間計画）、産業の在り方は復興直後から問題とされ議論された。主要部がほとんど壊滅状態にある町にどんな産業を興し、どんな構造の街になるのか、長期的なビジョンを立てなければならない。かつて町の中心であった沿岸部の旧市街を離れて、住宅街を山側に移すことは、具体的にどこをどのようにするかということは別として、ほとんどの人々が賛成する大きな方針であった。このことは、空白となる広大な旧市街をどのように活用して、町の活性を保つのかも考えなければならないということでもあった。一つ出された提案は、旧市街に工場等の産業を誘致して活用するというものであった。筆者はこれについて、意見を述べた。確かに当時、多くの企業が復興支援に積極的に表明していたが、企業は経営を考えなければならない。目的もなく被災地に工場などを建設しない。今回、三陸沿岸全体で被災した地域は広大であり、相対的にみて何らかのメリットがなければ、この町に工場や事業所を建設し雇用を作り出すことはない。そのような冷静な分析力を持たない企業が町に進出しても長続きしないだろう。企業誘致はそんなに簡単なことではない。この町自身が、この町がどんな町であるのか、どんな魅力があるのかをまず発信してふさわしい企業に進出してもらわなければならない。筆者はこれを「町の顔をつくる」と表現した。そして、人は実は自分が他人からどう見られているのか、自分がどんな顔をしているのか自分ではわからない。それがわかるのは他者との付き合いを通じてだと述べた。全国に向けて何を発信すべきかをまず考え、その反応を見ながら外部との関係性を作り、自らの個性を認識すべきだというのが発言の趣旨である。続いて、１９９３年の北海道南西沖地震で壊滅的な被害を受けた北海道奥尻島青苗地区で見聞きしたことを話した。筆者は東北大震災津波の被害調査に引き続いて、奥尻島青苗地区で津波災害後の復興プロセスの調査を行った。現地の水産加工業者から聞いた話である。青苗地区の場合、被災の程度は重篤であったが、地域が限られていたため、集中的に復興が進められ、復興のための土木工事の雇用もあり、災害後5年間は、復興特需のような景気の良さであったが、その期間が終わると、急速に現地の産業が衰退していったということであった。復興のための土木工事等で雇用を作り出し現地の経済を支えるという政策は間違っていない。しかし、その政策で現地の生活と経済を支えている間に、一方で、継続的な地場産業を作っていかなければならない。これを怠れば、地域を支える産業がなくなってしまう。その期間が終了すると急速に地域が衰退する。当時の状況を考えれば、被災者の方々にとっては、聞きたくない現実であったかもしれない。だが、希望的な言質で人々を鼓舞するのは政治家と作家・マスコミ文化人の仕事である。「ファクト」を語るのが研究者のすべきことである。現実を冷静に受け止めなければ、具体的に効果のある対策はつくれない。今から考えれば、これは予言的な発言であったかもしれない。

当時はまだ、個人の生活の復興が最重要課題であった。東京大学としては都市工学の研究者を中心に、街づくりについての提案を行っていた。具体的には、大槌町で漁業が盛んな地域である赤浜地区の、集落の設計をしていたようである。筆者も彼らと接触し情報交換を行っていた。実際に街づくりが実現するには、現実に存在する様々な利害の調整が必要であり、何をするにしても彼らの提案に批判的な人も当然少なくなかったであろう。その過程で、関係者がかなりつらい不快な思いもしたことも想像に難くない。彼らはボランティアでコンサルティングを行っていたのである。コンサルタントとして働いた経験からすれば、コンサルタントとしてできることは、考慮すべき事項と可能な技術情報を取り上げて指摘すること、依頼主の要望を実現するために、可能な技術を適切に組み合わせて提供することである。依頼主の意志を離れて、コンサルタントが大きな方向性を決定することはあり得ない。ポリティカル・ディシジョンにかかわらないのはコンサルティングの原則である。彼らにできるのは、様々な要望をもとに具体的な案を提案することであって、実際にどんな町を作るべきかを選択するのは、その地域の住民でなければならない。このことは、私たちの東京大学大槌復興イノベーションにとっても同じである。

3　東日本大震災津波の歴史的な位置づけ

今回の津波は、地域の高齢化・過疎化という大きな社会の構造変化の中で起こった。その意味で、明治三陸津波、昭和三陸津波とは大きく異なる。明治・昭和の津波は、日本の人口が増加し、社会が発展していく中で起きた。いわば、若い日本が経験した災害である。これに対して、今回の津波は、壮年期を過ぎ老齢化する日本が初めて経験した大災害である。人口が増加し新しい才能が次々と生まれてくる状況では、新たな価値の創造が行われ新たな産業が生まれていく。創造のエネルギーに満ちている、そのエネルギーよって、災害を乗り越えて新しい社会を作っていくことができる。そのような状況での復興はそう難しいことではない。若さはレジリエンスである。過疎化し、高齢化していく社会に、そのようなエネルギーの自動的な発生を期待することはできないだろう。発想を転換しなければならない。つまり、これは「老人学」なのだが、面白いことに「老人学」が新しい経験であり、新たなチャレンジになっている。過疎化し高齢化する社会の中で、必要な公的サービスをどのように維持するのか、行政的なコストも考えなければならない。それを支える産業の担い手は誰なのか。こうしたことを総合的に考えなければならないのだが、その前提として、高齢化社会で豊かな生活とはどんな生活なのかが、まず、問題となる。筆者が主張した「町の顔」とは、地域が一体となって、生産だけでなく生活も含めて生み出す価値と豊かさである。おそらく、それは、地域の人々の、歴史・環境・生活体験の共有によってつくられるものであろう。

4　東京大学大槌復興イノベーション

東京大学大槌復興イノベーション協創事業が、経済産業省「産学連携イノベーション」に採択され、プロジェクトが始まったのは2013年4月であり、プロジェクト期間は2015年3月までの2年間であった。「産学連携イノベーション」の公募があったのは2012年1月であったから、採択を目指した組織化と目的・戦略構築のための議論・活動はその1年以上前に始まっている。この段階で、大槌町との事前の調整も行っている。母体になったのは、東京大学に既に存在した、産学連携の研究組織、ジェロントロジーネットワーク、東大グリーンICTプロジェクトである。これに、水産業・水産学関連の産学コンソーシアム「さかな」、林学関係の「日本の木」を新たに組織して加えた。さらに、観光開発に関連するチームも作った。それぞれの組織には、多くの民間企業が出資・参加していた。この資金をコアに、経産省からの支援をもらって、産官学公民連携で事業を展開するというのが、プロジェクト全体の構成である。目的は、大槌町における産業と生活の復興・発展である。したがって、プロジェクトには産業と生活という2本の柱があることになるが、今回の場合、この二つは相互に関連している。特に、生活において考えなければならないのは、高齢者であり、従来、主要な産業の担い手と考えられていなかった、高齢者や女性を産業の担い手としてどのように位置付けるか、働き手としての彼らの生活の快適性・豊かさをどのように担保するのかが本質的なテーマであった。具体的なプロジェクトとしては、次の6つのサブ・プロジェクトがあった。

A）産業の復興・発展

・林業：地域資源を活用した林業振興
・水産業：水産物の高付加価値化、情報技術の活用
・観光：交流人口増加を目指した域外情報発信

B）日常生活の復興・発展（高齢者も快適に暮らせる町）
・パーソナルモビリティー：（移動手段：電気自動車・電動車いす等、低速で安全な移動手段と道路網等交通政策）
・コミュニティープレイス：コミュニティー機能再生のための集会場機能の開発
・ICTリテラシー向上：高校生・住民に対する教育・啓蒙

参加した研究者・企業の参加動機は様々だと考えられる。もちろん、純粋に復興を支援したいという動機も少なからずあったはずであるが、同時に、このプロジェクトの「過疎化・高齢化の中での生活の質・新しい産業の在り方」というテーマにとりくむことによって、高齢化社会を迎える今後の我が国の生活・産業・文化の方向を考える基礎的情報が得られるということも参加動機として大きかった。参加した個々の研究者や企業が、震災によって、さらに高齢化・過疎化が進んだ大槌町において、我が国の動向を先取りする形で、大胆に様々な試行的な試みに取り組むことに魅力を感じていたという面は否定できない。実際、東京大学大槌イノベーション協創事業の立ち上げに際して、当時の碇川豊町長から、大槌町を実験フィールドと考えて、大胆に様々な課題に挑戦してもらいたいという言葉をいただいた。

筆者としては、このプロジェクトを失敗ととらえていると述べたが、これはきわめて個人的な評価であり、大槌町の「顔を作る」という意味で、全体をカバーする大きな枠組みを、地域住民主体で作れなかったことを失敗と評価している。プロジェクトのメンバーの名誉のために付言すれば、個別的・技術的な挑戦としては、様々な取り組みがあり、個々には多くの成果が得られている。たとえば、主要なテーマとしては挙げなかったが、震災遺構の保存というテーマがあった。当時、被災地に残された遺構を、記憶の風化を防ぐために何らかの形で残すべきだという意見があった。確かにそのとおりであるが、二度と津波の被害を思い出したくないという被災者も多く、この問題はデリケートな問題であった。これについて、東京大学大槌イノベーション協創事業は、3次元CGによる震災遺構の保存という提案をし、被災した旧大槌町役場を3次元CGとして記録し、これを大槌町に寄贈した。これによって、必要な記録を残し、見たい人には閲覧を可能にし、見たくない人の目からは遠ざけるということが可能になった。企業からの寄付を受けて、発電設備・充電設備を備えた、コミュニティー・プレイスを建設することもできた。この施設、災害時の避難所としても活用できるとともに、地域社会の情報交換の場としても機能することが期待できる。また、高齢者のための移動手段として、電気自動車や電動車いすの試乗会やゴルフカートを使った移動システムの実証実験なども行うことができた。また、大槌高校にクラブ活動として、ICTを活用したシステムを作るクラブ活動を創設したり、高齢者を中心に大槌町のシンボルともいえるひょうたん島（蓬莱島）をモチーフに、瓢箪を使ったランプシェードのなどのアート作品を作る同好会を作り、インターネットで彼らの活動を支援するシステムも作った。しかし、これらは部分的・技術的な成果であり、それらを統合して、新しい社会システムを作るには至らなかった。技術的な成果が要素として受け継がれ、住民が主体となって新しい社会システムをどのように作っていくかは、これからの課題である。生活・文化面での支援と産業復興支援の有機的につなげていく大きなシステムが、時間的な制約もあって作れなかったと考えている。

5　大槌復興の視点

大槌町は、海辺まで山が迫り、入り組んだ複雑な海岸線を持った典型的なリアス式海岸の町である。大槌湾には「ひょっこりひょうたん島」のモデルとなった蓬莱島が浮かび、浪板海岸ではサーフィンができる。山側は峠を越えて遠野に至る。1日にして海釣りと渓流釣りが楽しめる。もし、趣味があれば、シカなどの狩猟もできる。山には豊かな森林資源があり、海には、ホタテ・カキ・ワカメの養殖業があり、秋には定置網で、母川に産卵に戻ろうとするサケがとれる。もちろん、こういう地域は、三陸沿岸を含めて、我が国には他にもあるが、大槌町内で考えれば、水産資源、森林資源、観光資源は、比較優位性をもつ資源である。大槌の産業を考える場合、この3つが主体とならざるを得ない。しかし、例えば、森林資源は、山からの切り出し、製材などのコストの面から、輸入材に太刀打ちできず、その資源を経済的な価値に結び付けることができない。観光資源についても、釜石から国道45号線で大槌に入った場合、30分も経たずに隣町の山田町に抜けてしまい、観光客が足を止める町にはなっていない。水産物については、大槌町は南部鼻曲がり鮭発祥の地であり、本州における鮭の給餌型放流技術開発の中心的な役割を果たした町でありながら、漁業は衰退傾向にある。漁業衰退の原因の多くが、資源の枯渇であるという誤解が一般的にあるが、資源枯渇は漁業衰退の原因の一つではあるが、現在の漁業不振の原因の多くは資源の枯渇ではない。大槌町の主要な漁獲物の一つであるサケについてみると、1956年の岩手県のサケの漁獲量はわずかに206トンである。その後、漁獲努力量の増加や漁業技術の改善による漁獲効率の増加により、漁獲量が増加するが、1970年においてもその漁獲量は5242トンであった。その後、給餌放流技術の開発と放流量の増加により、1981年には、2万トンを超えて、1996年には6万7922トンが記録される。その後漁獲量は減少するが、震災直前の2010年でも、1万8405トンの漁獲があった。現在、震災による放流量の低下から、漁獲量が低下しているが、それでも、2015年度の漁期には、9536トン漁獲されている。確かに、最近漁獲量が低下しているが、それでも、1975年以前よりは漁獲量は多い。また、震災の影響で、養殖いかだの数が減ったために、ホタテやカキの成長が向上し、大型のホタテやカキがとれるようになっている。筆者の専門は水産増殖であるため、しばしば、漁業が不振で漁業収入が低下しているので、漁獲量が増えるように資源を増やす努力をしてもらいたいと訴えられることがある。1970年代の後半から、水産庁の予算で、サケの放流技術の研究が行われ、その成果が、サケの漁獲量の増加につながったのであるが、大学院時代に筆者は最年少の研究者としてこの研究プロジェクトに参加した。筆者にしてみれば、資源増大の努力を行い、その成果は確かにあったと思っている。この事実は、水産資源を増加させても、漁業が盛んになり漁業者が豊かになるわけではないということを示している。資源が増えても漁業者が豊かにならなかった理由は、輸入品との競合や、複雑な流通システムの影響など様々な要因があるが、資源を増やす以上に、漁業関係者がしなければならない努力があるということを示している。つまり、漁獲物の付加価値をいかに増やすか、流通過程の中で、いかに生産者の取り分を増やすかという努力をしなければならない。そうでなければ漁業は衰退する。地方の小さな港の産地市場を見ると、漁業者は、自分たちの漁獲物がいくらで取引され、どこでどのように消費されているのかについて全く興味がないように見える。沿岸で漁獲される漁獲物は、地域の公共物とも考えられる。その公共物を漁獲して利益を生み出しているという意識があれば、漁獲物の取引に無関心でいられるはずがないが、地域の資源を利用して生計を立てているという意識を持った漁業者は現実にはまれであり、地域資源である水産物の活用について関心を持っている一般町民も少ない。このことは、森林資源についても観光資源についても同様であり、資源を生かせていない。

6　「ニュー番屋」プロジェクト

東京大学大槌イノベーション協創事業が水産業の復興について当初描いていた方向は次のよう

なものである。天然資源は様々な要因によって変動する、その変動を人間が完全にコントロールすることはそもそも不可能である。資源増加のための方策として栽培漁業などの技術もあるが、それも自然の環境収容力を超えて、資源を増加させることはできない。栽培漁業にやれることは、災害や人間活動によって失われた水産生物の生育上の代替として、別の場を作ったり、代替として種苗を生産することに過ぎない。水産資源管理とは、その変動の中で持続的に適正に資源の利用が可能になるように、資源利用という人間の活動をコントロールすることである。そうだとすれば、資源の変動の中で、それを持続的に利用し、付加価値を付けて、最大限それを有効に利用することを考えなければならない。資源はそれが存在することだけによって資源になっているのではない。それを活用する技術や文化があって、価値が生まれて資源となる。たとえば、水産物については、それを適正に加工流通し、料理としてそれを食べることによって価値が生まれる。地域には水産物を加工し料理して食べる食文化がある。そうしたものを一体として、地域外の人々に理解してもらわなければ、価値が生まれない。性、年齢、職業の別なく、地域全体の人々が共有資源を意識する場を作り、新たな価値を生み出し、価値を高めて外部に発信していく場として発展させていきたいと考えた。私たちが当初提案したのは、観光資源である蓬莱島の近くにある大槌漁港近くに、道の駅のような観光スポットを兼ねたコミュニティー・プレイスを建設することであった。ここ中心に、周辺に地域の流通加工業者にも店を出してもらう。ここで、漁協の女性部などを中心とした、水産物の料理教室などを行い、地域独特の魚介類の料理方法を研究してもらう。漁業関係者でない地域の人々も料理教室に参加することによって、地域の水産物に関心を持つであろう。うまくいくようであれば、コミュニティー・プレイスに立ち寄る観光客に料理を提供してもよい。高齢者が暇つぶしに訪れてくれれば、高齢者の経験も価値化できるかもしれない。コミュニティー・プレイスは漁業者の休息場としても使えるので、漁業者と一般の人、外部からの観光客との交流も生まれる。そうすることによって、漁業者も、自らの生産物の価値に気が付き、より価値を高めることに関心が向かう。今日のように、全国的に水産物の流通網が発達する以前は、漁村の人々の多くは漁業を営んでいた。漁獲物は漁村周辺に流通した。この流通を担ったのは、漁村の女性たちであった。漁獲物を背負って山間の村に漁獲物を販売に行った。地域によっては、販売というよりは物々交換や押し売りに近かったかもしれない。いずれにしても、漁獲物の金銭的な価値を作っていたのは女性であった。漁村の人々の多くは漁業を営んでいた。この時代、専従的な漁業者という概念はない、漁業者というよりは、半農半漁も含めて、百姓であった。ここでは、江戸時代以後に広がった百姓＝農民のイメージではなく、現代の兼業農家よりも広い生業を持つもの、多様な生業を持つ者の意味で「百姓」を用いている。当時は、水産物は漁業者だけの資源ではなく、地域の共有資源だったのである。これは一種の先祖がえりである。当初、筆者はこのような施設を「ニュー番屋」と呼んでいた。番屋は漁師が漁具などを置く場所であり、漁師は番屋で身支度をして漁に出かける。「ニュー番屋」の「ニュー」は、番屋機能に加えて、観光客や地域の人々との接点としての機能を持たせようとしたところにある。地域の資源を認識し、資源状態やその利用について情報を交換し発信する場所である。そのような場所から新しい考え方や価値が生まれることを期待した。

7 コンソーシアム「さかな」（漁業グループ）の活動

こうした全体システムとは別に、価値を作り出すためには、要素技術の獲得や意識の変革もなければならない。本来、技術の獲得や意識の変革は当事者が主体的に行うべきものであるが、何事にも学ぶきっかけは必要である。私たちは、全体的な構想の構築と並行して、個別的、技術的な実験、講習等も行った。漁業に関しては、漁獲物の価値を高める技術として、定置網で漁獲した魚を船上で活け絞めして、氷漬けにして持ち帰ることや、神経抜きの技術などの導入も試みた。定置網の内部の魚の状態をリアルタイムで陸上で画像として見るための、撮影・送信技術の試験も行った。このシステムを使って、自然河川でのサケの産卵の映像も撮影することができた。こうした、映像は観光客の誘致に使ってもらうことを考えていた。一方、漁協婦人部を中心に、「おさかな研究会」をつくり、プロの料理人を招いて、魚のさばき方や調理の講習会を行った。主婦感覚で三陸沿岸の水産物の新しい調理法を考えてもらうことが、「おさかな研究会」の主たる目的なのだが、それ以外にも機能があった。東京大学の五月祭で、「おさかな研究会」のメンバーを中心に、大槌で生産された養殖ホタテを炭火で焼いて販売してもらった。この屋台には、

「東北のおばちゃんの店」という看板を掲げた。大変な好評で、店には長蛇の列が出来たが、大ぶりの焼きホタテの魅力にも増して、「東北のおばちゃんの店」という看板にひかれた客も多かった。また、東京で水産物がどのように調理され、どのような価格で売られているのか実感としてわかってもらうために、料亭で食事をしてもらった。また、東京の料亭等で、魚を捌くなどの下ごしらえをする労働力が不足しているという現状も知ってもらった。こうした経験から、「おさかな研究会」は、定置網で捕獲される天然のサケを活け絞めして、現地で捌いたうえで柵として冷凍し、料亭等に料理の素材として販売することを、技術習得の目標の一つとした。一方、コンソーシアム「さかな」のメンバーは、燻製作りの技術習得に集中した。三陸沿岸では燻製はあまり一般的ではない。そこで、サケやカキ・ホタテの燻製は大槌の新しい特産物となりえるのではないかと考え、やがて建設されるであろう、「ニュー番屋」で土産物として販売したり、都内の料亭やレストラン・バーなどに食材として提供することを考えていた。実際、柏市などで、試験的に大槌の産品の販売も行った。東京大学大槌復興イノベーション協創事業のメンバーではないが、東京大学大気海洋研究所の一階にある「おさかな倶楽部はま」は、サケのミンチを使ったサケ餃子という料理を開発し、大槌の小川旅館にそのレシピを提供した。サケ餃子は、小川旅館の名物料理として、宿泊客に提供されていたが、2016年3月からは、1パック8個入り640円の価格で販売された。サケ餃子は、秋サケの利用法として優れたアイデアである。産卵のための母川回帰の途中で沿岸で漁獲されるサケは、卵巣や精巣の成熟のためにエネルギーを集中するため、夏に沿岸に来遊するトキシラズや、沖獲のサケ、養殖サケに比べて、筋肉部分の脂肪含量が低い。脂肪の少ない淡白な味を好む人もいるが、脂質含量が高い食品を好むことは、最近の一般的な傾向である。そうした傾向に合わせるために、筋肉部分をミンチにして、調理によって好みに応じて脂肪その他の呈味成分を加えて調理することを提案すれば、ヘルシーな感覚をともなった秋サケの新しい価値が生まれる。サケの切り身や、丸ごとではなく、いくつかに小分けしたサケミンチの冷凍パックを作れば、調理過程で廃棄物が生じない、一般家庭でも使いやすい食材となる。サケ肉のミンチを使った料理も含めて、新しいサケ料理を提案していくことも、サケの価値を高め需要を喚起することにつながる。筆者自身も研究室を調理室として、毎週のように試行的に様々なサケミンチ料理に挑戦していた（図1）。もちろん、これは素人料理であり、そのままでは、魅力的な料理にはならない。そこで、女子栄養大学にお願いして、新しいサケ料理のレシピを作ってもらった。

8　他の活動との連携

このような水産グループの活動と並行して、観光のグループは、町内のホテルや民宿の連合体を促して、大槌環境物産協会を組織してもらい。ネット上に大槌観光ポータルサイトを立ち上げた。こうした活動をお互いに目にすれば、当然、観光グループと水産グループの連携が考えられ

図1　鮭のきひ肉料理（ここに示したのは，初期の試作の過程での記録）
試作したレシピはブログ（「漁業の未来～Future fisheries」 future-fisheries.jp）の「魚食（料理）」のカテゴリーで見ることができる。

る。五月祭での成功は私たちに一つのヒントを与えた。水産物そのものの魅力以上に、その生産販売にかかわる彼女たちの存在も価値なのだという事実である。そのことから、「おさかな研究会」の個々のメンバーをキャラクター化したイラストをプロのイラストレーターに作ってもらい、その後の販売戦略に使ってもらう素材とした（図2）。「おさかな研究会」が商品開発に成功すれば、それを作ったメンバーのキャラクターを観光ポータルサイトの素材としてつかえるし、民宿等で提供する料理の説明にもキャラクターが使える。水産物と観光情報を同時に発信して複合的な効果を狙うことができる。そもそも、「ニュー番屋」そのものが、ポータルサイトの重要な素材になる。これは、林業についても同じであり、「日本の木」グループが提供する、管理された森林や森林管理システムそのものが観光の素材になる。また、新

図2　キャラクター化された「おさかな研究会」のメンバー

しい交通システムや人々の生き方そのものも、観光素材となりえる。人々の暮らし方や産業も含めて、観光地としての魅力が増せば、リピーターという形で、交流人口が増えて、人口減少の中でも町の活性を保つことができるだろう。観光地としての大槌の弱点は、町の大きさである。海岸から山側に向かって細長い町で、観光客が車で海岸線増に街に入っても、いくつかの観光スポットを目にするだけで、町を通り抜けて、滞在してくれないので、交流人口は増えないし、町から発信する情報を持ち帰ってくれない。こうした問題を解決するために、筆者は、自転車による観光マップの作成を提案し、実際、電動アシスト付きの自転車を使って、地域を走り回り、自転車による観光マップを試作した（図3）。自転車ならば、時間をかけて地域を細かく回ってもらえる。リアス式の海岸線と内陸部はアップダウンが激しく、普通の自転車による移動には体力が必要だが、電動アシスト付きの自転車ならば、当時、64歳の筆者でも、苦も無く観光スポットを回ることができた。電動アシスト付き自転車は民宿やホテルが貸し出せばよいであろうし、

図3　大槌サイクリングガイド（電動アシスト付き自転車でめぐる大槌町）
試作したサイクリングマップはブログ（「漁業の未来～Future fisheries」future-fisheries.jp）の「旅」のカテゴリーで見ることができる。

「ニュー番屋」も、貸自転車屋として使える。

さらに、今となっては夢物語であるが、大槌を舞台としたマンガを作ることも考えていた。そうしたマンガに、実在の人物をモデルにしたキャラクターが登場したら楽しかったことであろう。

9 「ニュー番屋」構想の破たん

「ニュー番屋」を実現するには建設資金が必要である。そこで、日本財団に支援を求めた。復興支援の趣旨からすれば、支援要請は地元の団体がしなければならないし、その後の運営も地元主体でなければならない。そこで、新大槌漁業協同組合から日本財団に支援要請し、大槌町に対しては土地の提供をお願いした。幸いにも、日本財団から計画に理解をもらい建設資金を獲得することができた。筆者らは、この「ニュー番屋」に「ひょうたん島苫屋」という名前を付けていた。立ち上る燻製の煙を、童謡「われは海の子」の浜辺の小屋から立ち上る白煙に見立てたのである。東京大学農学生命科学研究科生物材料科学専攻の木造建築にかかわる研究者を中心に、「ひょうたん島苫屋」の設計を行い、資金が得られ次第建築にかかわる体制をとっていたが、突然、この計画は破たんした。この経緯を詳細に説明すると関係者に迷惑をかけかねない。詳細を省けば、当事者である新大槌漁業組合は形式的にも施設を運営する意思を持っていないこと、町行政にもこの計画をサポートする意思を持っていないかったこと、つまり、漁業協同組合、町の行政、地元の業者との意思疎通・連携が欠けていたことが原因である。コンソーシアム「さかな」は、「ひょうたん島苫屋」の計画を撤回し、日本財団からの資金は、養殖ワカメの一次加工の施設建設費として使われることになった。なお、「ひょうたん島苫屋」は、コンソーシアム「さかな」のメンバーが大槌で経営する燻製製造業の店の名前となって残っている。筆者がここで経験したのは、この地域で事業を行うことの難しさである。筆者らは、ステップを踏んで何回も関係者に計画の説明を行った。そのような場面で、明確に反対意見や対案を述べる人はいない。しかし、数日たつと行政から協力できないと決定的なことを言ってくる。それまでの経緯からすれば、こちらが納得できる理由の説明はない。私たちにしてみれば、まるでカフカの描く薄気味の悪い世界である。こうしたことが繰り返されていたところに、突然、ある情報が飛び込んだ。ある若い町の職員が上司から、既得権を守ることが町の職員がするべき仕事であり、既得権を持った業者のクレームはすべて既得権を守る方向で行政は動くべきだと指示されたということを、それが当然かのように、自慢げにSNSの書いていたのを読んでしまった。若い職員が無自覚に書いた文章を取り上げて、行政の不当性を主張する気は全くない。彼の誤解の可能性も含めれば、実際にどんな指示があったのかはわからない。人の意見は様々である。新しい変化に不安を感じることも人間の自然な感情である。そうした気持ちに対する理解を求めることや、反対意見や対案をしめすことは積極的にすべきである。それをしないで、行政と癒着して既得権を守ろうとし、密室の中で行政がそれを許してしまえば、新しい文化や産業は生まれない。今の傾向がそのまま続いて衰退していくだけである。三陸地方全体の復興状況は地域によって様々で、方向性を決めて力強く確実に復興を進めている地域もある。地域資源の利用についても様々な立場があり、様々な意見があってよい。重要なことは、地域全体が、自分たちが持っている環境や資源を自覚し、その適正な利用に関心を持って、自らの意見を発表・発信し、意見を集約して力強いリーダのもとにそれを実行していくことである。陰に隠れて足を引っ張るような意思決定方式に依存する姑息な態度に終始していては何も生まれない。復興計画のような現実の利害が伴うプロジェクトを可能にするためには、時間をかけて意思疎通を図り、相互理解を深めていく必要がある。筆者は、東京大学大槌復興イノベーション協創事業と並行して、フィリピンにおけるウシエビの放流の可能性について研究していた。このプロジェクトは現在も継続しているが、こちらは、準備期間を含めて10年以上の時間をかけている。現在、明らかに放流効果が認められ、現地には組合が組織され、放流以外にウシエビの生育場所となる浅瀬を作るために、漁業者がマングローブ林の再生に取り組んでいる。このプロジェクトでは、現地での地方行政機関との調整や、現地の人々を対象とした説明会などの実施は、現地の研究者に任せている。面白いことに、ボランティアとして、放流エビの中間育成などの作業を行っているのは、必ずしも漁業者ではない。つまり、時間をかけて、様々な人を巻き込んで地域のエリアケイパビリティーが形成されつつある。やはり２年という期間は短すぎる。

10　撤退

プロジェクトが終了したのは、２０１５年３月であり、「ひょうたん島苫屋」の計画撤回は、２０１５年２月である。「ひょうたん島苫屋」計画の考え方を別の形で継承する形で、プロジェクトメンバーが具体的に事業を起こして、しばらく伴走して、地元の人々に引き継ぐという考え方もあり得たが、やらなければならないことは、様々な事業の経営を成り立たせ、しかも、その間に経営を地元主体に移していくことである。何年かかるのかわからない。教育研究機関である大学では、人的資源・予算的資源が限られている。獲得した予算に依存して研究を行う大学という機関では、プロジェクトを継続的に行うことはできない。あるいは、地元の大学が小規模にそのようなことを行うことは可能かもしれないが、遠く離れた東京大学が研究の傍らでそれを行うのは無理である。伴走期間が長期にわたった場合、安定した事業に達するまで伴走することは不可能だと判断した。当時、世間一般には、大学が独自に予算を獲得して、そのようなことができると思いこんでいた人がいた。そんなことは予算としても、組織としても大学にできることではない。はなはだしく的外れな批判としては、コミュニティープレイス等の建設の予算で、大学人が研究することがけしからんという批判があった。これは某新聞の記者がＳＮＳに書き込んだものだが、さすがに記事として紙面に書くことはできなかったのでＳＮＳに書いたのだろう。コミュニティー・プレイスは某企業の寄付によってつくられた。それに関連してアンケート調査等のデータが集められ、分析が行われたかもしれないが、研究の部分は研究者が別途得た研究費で行われたはずである。研究者が研究をするのは本来の業であり、薄っぺらな見識とイデオロギーで「正義」を語ることを業とする彼らが、ねつ造・歪曲までして面白おかしく文章を書きたいという「本能」を抑えられないのと同じように、事実の断片を拾い集めるのは研究者本来の業である。ちなみに、筆者は大槌復興に直接かかわる部分で一報の研究論文も書いていない。ただし、大槌での経験からものの見方を研究に反映させたことはある。誤解は誰にでもあるが、ことさらに歪曲された情報で人を貶めて「正義」を語ろうとする輩の存在は不愉快だった。筆者は、２０１５年４月以後、大学人としては、大槌町の復興には一切のかかわりを持たないことにした。少なからず、感情的な部分もあったのだが、冷静な思考の部分では、現場で起こるさまざまな利害の調整を大学人が行うことには無理があり、現地の意見を取りまとめる強いリーダシップが必要だと考えた。そうでなければ、復興支援プロジェクトは、現地の箱ものつくりのための資金獲得や、個別技術の実験実施のための口実つくりのためにしか機能しないであろう。それは復興のためには弊害となる可能性が高く、倫理的に問題がある。持続的な資源利用・管理は漁業者だけでなく地域全体として考えなければならない。それを可能にするのは、人々の信頼、リーダーシップ、誠実さなどの社会資本であって、そのような社会資本が失われれば、それを再び構築するには時間がかかる。

11　見果てぬ将来構想

筆者の大槌での経験はここで終わりである。しかし、これだけでは文章としても中途半端に放り出した印象をぬぐえない。もし仮に、「ニュー番屋」が実現し、目的とした成果が得られた場合、何をするつもりであったのかを最後に書いておこう。それは研究的内容を含んでいる。もし対象資源が、きわめて狭い範囲に分布する個体群であり、利用者が1団体しかなければ、資源の管理・利用はその団体の内部の合意だけで実施可能であり、おそらく合理的で持続的な利用が可能になる。しかし、実際には、多くの場合、資源はもっと広い範囲で分布し、多くの利用者が存在する。そこには利害の対立がある。利用者中には漁獲効率が異なる様々な漁法を用いる漁業者がいるかもしれない。また、流通加工業者も利用者と考えれば、漁業者と加工流通業者の間に利害の対立が生まれるかもしれない。実際、大槌には、大槌湾と船越湾があるが、それぞれの湾を釜石市、山田町と共有している。大槌湾や船越湾の水産資源の管理には、釜石市側、山田町側の漁協との合意が必要であろう。範囲が広くなれば、利害関係は複雑化する。理論的には、一つの資源を利用する人々の間で広く合意を作り出す方が、合理的な資源管理が可能になる。この文章では、「ニュー番屋」の構想を従来の漁村社会のコミュニティーの延長のように説明している。当時も、同じような説明を使っていた。未来的なものでまだ存在しない物やシステムを説明することは難しい。かつてのコミュニティー機能の延長として新しいシステムの説明をしたことは、説明のための便法である。実際には、範囲が広くなればなるほど合意形成が難しくなる。地域や資源によって、利害対立の構造はちがうであろうから、管理ユニットの適正な大きさは、地域や資源によって異なる。適正な資源ユニットの大きさや機能は、おそらく、理論的に求められるものではない。社会システムは試行錯誤的に作られていくものである。「ニュー番屋」の成功によって、類似のものが三陸地帯沿岸に広がっていくとき。それらが互いに独立性を保ちながら連携していく過程で、そのシステムも変容していく。漁村に限らず農村コミュニティーも急速に変容しつつある。それはしばしばコミュニティーの劣化ととらえられている。新しく形成されるシステムが、かつてのコミュティーとは機能も構成も大きく違っているということも考えられる。そして、それは避けられない「コミュニティー劣化」に対する適応とも考えられる。もし、「ニュー番屋」が実現し、それが自律的に発展していくときに、その結果として出来上がる機能的な資源管理システムとはどんなものなのだろうか。それを追跡してみたかったというのが、筆者が研究者として「ニュー番屋」に託していた思いである。

第2部

第四章 「つくる漁業」と食料安全保障

石川智士・伏見 浩

はじめに

「つくる漁業」とは栽培漁業とも呼ばれ、自然では増えることができなくなった水産物の仔稚魚や幼生を人工的に作り、放流することで持続的な水産業の発展を目指す活動である。現在では豊かな海づくり運動として海なし県を除く全国38の都道府県で実施されている。このような栽培漁業の考え方や活動は、日本発の思想と取り組みであり、また、現在のように全国的に展開されるようになるまでには、様々な衝突や課題解決があった。本章では、このつくる漁業が生まれた背景にあった経済優先の開発や沿岸環境の破壊の問題やその導入過程での課題解決の歴史、そして今後の可能性について、具体的事例に触れながら、日本の水産資源の持続的利用という限られた視点ではなく、この「つくる漁業」に込められた食料生産を通じた人と自然のあるべき関係性や将来の発展にむけた価値観や考え方（エリアケイパビリティー）を紹介する。

1　食料問題の過去・現在・未来

食料に関しては、食品偽装や安全性、自給率などさまざまな問題がある。その中で、最も古くから議論され、また広く認識されているのは食料不足や飢餓であろう。イギリスの経済学者マルサスは1798年に発表した「人口論」で、人口増加に食料生産が追いつかず、食料不足が人類の発展を阻害する危険性を指摘した。ただし、その後の農地の拡大や化学肥料などの技術革新によって食料は増産され、今日に至るまで人口は増大し続けている。この人類の生活圏拡大と科学技術革新による食料不足の克服という成功例は、経済合理性の追求とグローバル経済の浸透と関係しながら、皮肉にも現代の環境問題を引き起こす素地となった。このことは、当時マルクスが農地拡大や技術革新による食料不足のリスクを批判した点や、化学肥料の使用による単収（単位面積当たりの収量）の増加を目指した技術開発とそれを支持した政策、その後の経済効率性を重視した価値の蔓延に現在の環境問題とそれによる食料生産の行き詰まりや海洋資源の劣化の要因があることを示してくれる。

日本や先進国においては、戦後の食料難の時期を除けば、食料不足が社会的問題になったことはあまりないだろう。2008年の国連世界食料農業機関（FAO）の報告においては、世界の穀物生産量の総量は年間約22億トンあり、この量は世界人口約69億人（2008年当時）が十分に栄養を摂取できる量であることが述べられている。[11] 経済力があり物流が発達している国においては、食料不足は今や不安要素ではない。しかし、その一方で2015年の報告書において、過去10年間で飢餓に苦しむ人の数は約2億1600万人減少したものの、今なお9人にひとり（全体で約7億9500万人）が飢えに苦しんでいる。[13] その背景には、技術的および地理的な違いから生じる食料の生産力と経済力の違いから生じる食料の購入力が大きく影響している。この点を考慮してみると、世界的な食料増産をもたらしたグローバル経済や技術革新が、現代の飢餓問題の背景に横たわっている姿がさらに鮮明になる。

現状において、世界の穀物生産量が人類の食料供給に十分量あることは、将来においても食料不足に悩まされないことを意味しない。アフリカ諸国をはじめとする途上国においては今も人口増加が続いており、2050年までに農業生産性を60％向上させないと絶対的な食料不足（分配の問題ではなく、総量として食料が不足する事態）が生じると予測されている。[11] しかもマルサスの時代とは異なり、現在では新たに食料生産に転用できる土地はほとんど残されていない。加えて、すでに多くの自然が人間活動によって破壊され、大規模気候変動や災害リスクが高まる中で、どのように食料を増産するかは、単なる技術開発だけでは立ち行かない。温暖化ガスの排出をできるだけ抑えた環境配慮型の農業を推進しつつ、経済合理性の追求から生まれる食料廃棄やフードマイレージを低減させる社会システムの構築が不可欠である。

将来の食料不足で最も危惧されるのが、タンパク質生産であろう。牛肉1キログラムを生産するには約11キログラムの穀類が必要であり、豚肉や鶏肉でもそれぞれ7キログラムや4キログラムの穀類が必要となる。[1] 技術革新や社会システムの改良によって穀類生産量が十分になったとしても、タンパク質を十分に生産するには不十分であり、この問題を解決するには、その生産に基本的には穀類を必要としない海産物の利用が重要性を帯びてくる。

2 海の利用とタンパク質生産

特定の養殖生産を除き、一般的な漁獲漁業による漁獲物の生産には穀類は使用されず、穀類生産の制約条件となる淡水資源の制約も受けない（陸域における淡水の約8割が農業生産に利用されており、淡水不足は農業生産の制約条件のひとつである）。加えて、その生産の場は地球表面積の約7割と広大である。最近では、健康志向の高まりから、魚介類の消費量は年々伸びている。このように考えれば、食料不足が懸念される中、漁業の重要性は今後ますます高まるだろう。

海は確かに広い。そして、そこに生息する魚介類も多量である。しかし、無尽蔵ではなく漁獲すれば資源は減少する。2014年における世界の漁船漁業生産量は9466万トンであり、1980年代中盤から横ばいの状態が続いている（図1）。ただし、漁獲量が一定であることは資源量も一定水準を維持していることにはならない。FAOの統計では、資源が良好な状態にある漁

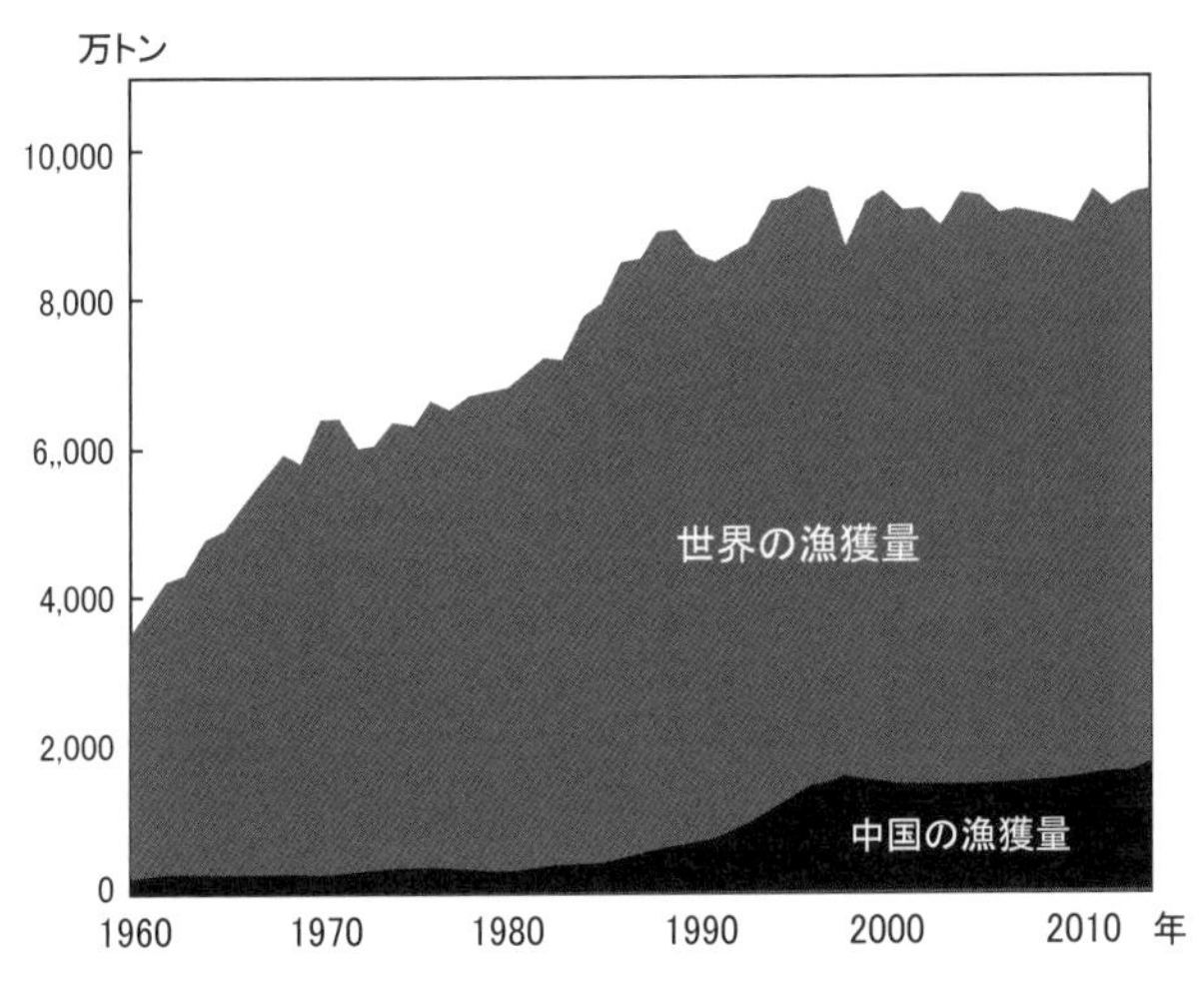

図１　世界の漁業生産量の推移（『水産白書2017』より作成，資料：FAO・Fishstat 及び農林水産省「漁業・養殖業生産統計」）

業資源は、１９７４年時には全体の90％であったが、２０１１年には71％まで減少している。反対に、資源が枯渇状態にあるものは10％から29％まで上昇している（図２）。また、魚体サイズが小さくなっていることなど、資源悪化を指摘する論文は数多く発表されている［27・29］など。

水中の漁業資源は、陸上の農業や林業とは異なり、どのような資源がどのくらいあるのかを直接的に計測することはできない。また、その再生産は謎が多く、産卵場や産卵期が分かっていない資源対象種も多い（膨大な研究がなされているマグロやウナギでも完全に産卵場が把握されているわけではない）。このため、人為的に再生産をコントロールすることはできず、ほとんどの場合は自然任せである。このように自律的に再生産する漁業資源を持続的に活用

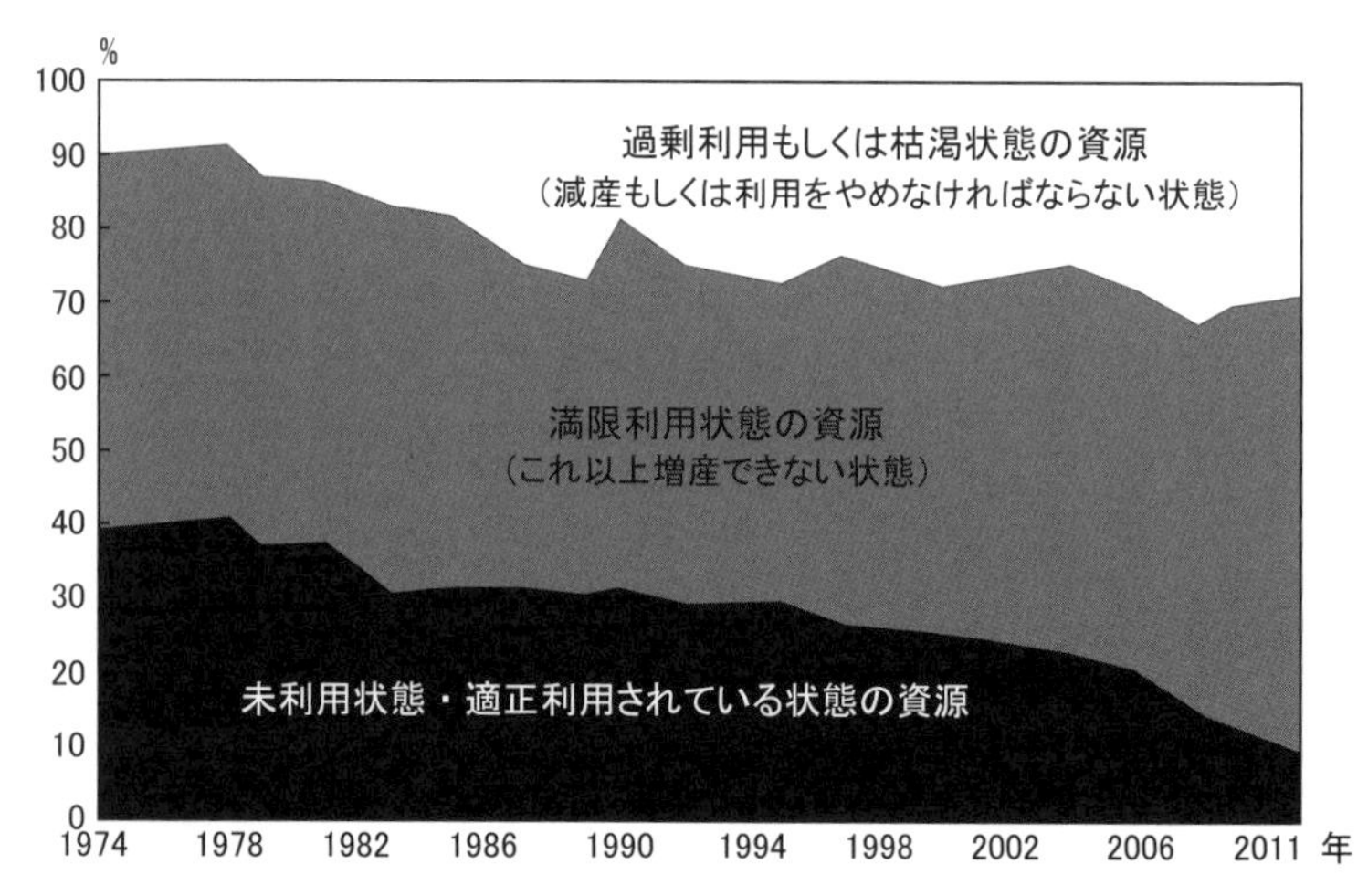

図2　世界の漁業資源状態の推移（『水産白書2017』より作成，資料：FAO/The State of World FIsheires and Aquaculture 2014）

するためには、漁獲量や漁獲努力量などの漁獲統計資料や漁獲物のサイズなどを調べることで資源状態を推定し、持続的に利用できる漁獲量を算出し、漁獲量がその持続的に利用できる漁獲量を超えないように漁業を制限（規制）することが試みられている。マグロをはじめとする多くの海産生物の資源管理は、大筋ではこの方策がとられており、水産統計データに基づく資源と漁獲可能量の推定の研究がこれまでの水産資源学的研究活動の多くを占めている。確かに、生物の増殖特性を基礎とした資源管理の在り方は、一定の科学的根拠に基づいていると思われる。特に、漁獲量や漁獲物調査が比較的実行可能な大規模商業的漁業に関しては、科学的データや理論に基づくルールの制定が有効である。一方で、このような資源管理の在り方に対して過度な期待をすることは、ある種の危険が伴うことも理解しておく必要がある。そのひとつが、生物の増殖特性は、種によって大きく異なり、天然資源では自然環境の影響も大きいということである。また、漁業の特性も地域や生態系の特徴によってさまざまであるということである。特に、先進国の遠洋漁業の様に、経済活動として営まれ、多くの国の漁船が類似の漁具を使用している漁業と、途上国の沿岸の多種多様な資源を対象とした多種多様な漁具・漁法によって営まれる小規模漁業との違いは明瞭に区別されるべきであろう。前者は、統計資料は集めやすく、規制も実施しやすいが、後者は、統計資料を集めること自体が難しく、生活の糧として実施されている小規模漁業に規制をかけることは、即生活を脅かす危険性があるという違いである。

乱獲（=獲りすぎ）によって資源が枯渇した（もしくは種を絶滅した）例としては、クジラや北洋のタラ、ニシンが有名であろう。しかし、1回の産卵で数頭の子供しか生まず、それらが成熟するまでに数年を要する繁殖力の弱いクジラと、1回の産卵で数万粒の卵を産み、それらが1年から2年程度で産卵に参加する魚の資源は、同じ理論で管理すべきだとは思えない。また、クジラは、1頭の価値が極めて高かったため、資源が悪化してもなお漁獲対象として乱獲が進んだが、クジラほど市場価値がない一般の漁業資源の場合、ある程度の資源劣化が生じれば、コストに見合うだけの漁獲が得られず漁業は行われない。このためクジラと同じ道をたどるとは考えられない。タラやニシンを含む、高緯度海域の資源は、熱帯や温帯と比べて種組成が単純であり、単一漁具で効率よく漁獲されたことが乱獲を招いたことは確かであるが、同時に、産卵床である沿岸の藻場や砂場が荒らされたことも、資源の悪化に拍車をかけたことも忘れてはならないだろう。乱獲で資源が減少し、漁業者らが自ら禁漁して資源回復をもたらした秋田県のハタハタについても、資源悪化の主要因のひとつは、産卵床であった沿岸が開発されたことであり、また、対策としては、単に禁漁にしただけでなく、沿岸の保全や卵の採取禁止などが功を奏したのである[24]。

途上国の沿岸漁業に関して資源管理を行う場合は、貧困対策の側面も忘れてはならない。多くの途上国沿岸地域で小規模漁業を生業としている人たちのほとんどが、その国においても低所得者層である。これは、漁業は、農業のように土地という生産財を持たなくても行えることや、工場労働者のように技術指導や教育を受けていなくても行えるといったことが影響している。したがって、漁業は貧困層にとっての最後のセーフティーネットの役割も持っていることが多く、資源管理のために漁業を規制することは、直ちに貧困層の生活を脅かす脅威となる。このため、資源管理のために漁業規制を行う場合は、その規制によってどのような人がどのように影響を受けるか社会的側面を事前に調べ、貧困層の生活を脅かすことのないような措置をとる必要がある。また、沿岸小規模漁業では、多種多様な魚種が少量ずつ漁獲される。利用される漁法や水揚げされる場所なども多様で、加えて、日銭暮らしの多い貧困漁民は漁獲量を記録するようなことは行わず、漁獲した後すぐに販売してしまうケースも多いため、商業的漁業の様に水揚げ場で漁獲統計を集めることはできない。このため、途上国沿岸域における漁業資源管理には、漁業者の生活や生業を規制するのではなく、有効利用を促進することで、自ずと資源評価に関するデータが集まる仕組みを考案する必要がある。そのためには新技術導入とプール制を合わせて取り入れるようなコミュニティー活動の創出がひとつのカギとなるだろう。[2]

多くの人が、このような沿岸小規模漁業の漁獲量は大したことがなく、国際的な資源管理には影響しないと想像しているかもしれない。しかし近年の研究では、大規模商業的漁業と小規模沿岸漁業の漁獲量は同等であり、世界の漁業従事者の約90%が小規模漁業で雇用されていることが分かってきた。[26] 我々人類が、本気で漁業資源の持続的利用を考えるのであれば、漁業資源やその資源が生息する海域の環境や生態系の特徴を踏まえた環境保全を含む資源管理の在り方と、貧困対策を踏まえた漁業管理の在り方を考えなければならない。この考え方は、資源を評価し、漁業を規制することを基礎としたこれまでの漁業管理とは一線を画する必要がある。

3 持続的漁業と沿岸環境保全

漁獲対象資源の特性を踏まえた資源管理の必要性を述べたが、ここでは、持続的な漁業の達成には、沿岸環境保全が不可欠であることをさらに述べておきたい。海は広く、その生産性に対する期待は高いと述べたが、その海の生産性やそれを支える生物多様性は、面積的には海洋全体の8%にも満たない沿岸域が支えている。[28] 海洋の生物生産に淡水を必要としないとはいえ、窒素やリンなどの栄養塩は必要であり、これら栄養塩は陸域から供給される。青い透き通った海は見た

図3　OBIS（Ocean Biogeographic Information System）によるクロロフィル量の分布

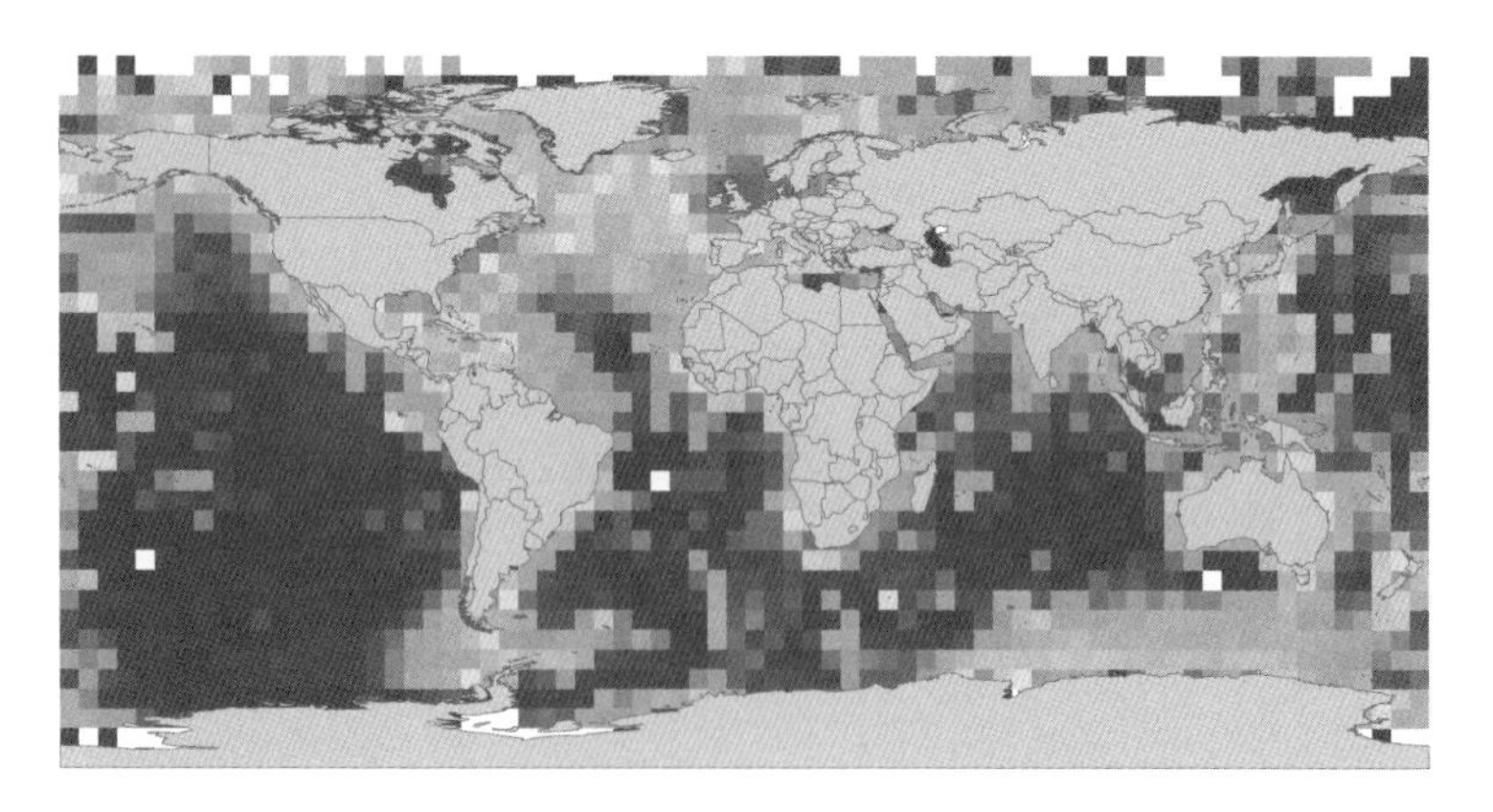

図4　海洋における種の分布状況
多くの種数が分布する灰色は，沿岸域に集中していることが分かる（OBIS, http://www.coml.org/projects/ocean-biogeographic-information-system-obis）

目には美しいが、これは生物生産に必要な栄養塩が乏しく、また、基礎生産を担う植物プランクトンが少ないということを意味する。つまり、広大な海の中で、外洋域は基本的には貧栄養で生物生産は低い。これに比べ、水深200メートル以浅の沿岸域は、常に陸域から河川水や地下水によって、時には黄砂など土砂の流入によって栄養塩が供給され、基礎生産が活発に行われている。そして、この沿岸での基礎生産は、食物連鎖や回遊、海流による移送などの影響を受けて、広く外洋まで影響を及ぼす。衛星画像で海のクロロフィル量を計測した図を見れば、沿岸域の基礎生産が高く、その影響が海流によって外洋に及んでいることが理解できるだろう（図3）。この豊富な基礎生産を背景に、生物多様性の高い海域は沿岸に集中している（図4）。また、先に述べたニシンやハタハタなどの魚類のように、沖合や遠洋で漁獲されるものの、それらの魚種の産卵場が沿岸である種も多く、海洋全体の生態系は沿岸環境に大きく依存しているのである。このことからだけでも、持続的に海洋生物資源を利用するためには沿岸環境保全が不可欠であることは理解できるだろう。しかし、その重要な沿岸域は、同時に貿易や重工業などの産業振興にとっても極めて重要な場所であり、これまで人為的に改変を受けてきた。この沿岸環境の改変（改悪）は、現在の世界的な漁業資源の劣化と無関係ではない。

4　失われた産卵場と「つくる漁業」の発想

東京湾には、かつて広大な干潟が広がっており、そこではキスやエイ、アサリなど干潟を主な生息場所とする魚介類が豊富に獲れた。昭和40年頃（1960年代）までは、春から初夏にかけて干潟は脚立を立ててキスを釣る人で埋め尽くされ、東京湾の風物詩となっていたほどである。しかし、戦後の高度経済成長期に工業用地確保や港湾整備のために干潟は埋立られ（図5）、およそ8000ヘクタールが消失した[10]（図6）。これは東京湾の干潟の約8割に相当する。この埋立面積の拡大は、貝類などの底生生物の生息域を減少させ、1960年以降東京湾における貝類の漁獲量は激減している（図7）。また、浅場の埋立や港湾整備は、ノリなどの海藻生産の場を奪うことになり、海藻の収穫量も同様に減少している（図7）。このような藻場・干潟の埋立や減少は、東京湾に限ったものではない。瀬戸内海をはじめとして日本全土で起こっていた（図8）。海藻の減少や底生生物の減少は、沿岸の水質浄化能力の低下を引き起こし、赤潮などの公害が多発した[7・8]。同時に、藻場・干潟の減少は多くの海産生物にとっての産卵場や仔稚魚の生育場の消失を意味する。これらの環境の変化は、乱獲以上に海洋生物資源の劣化を引き起こしたことは明らかだろう[24]。このような中で、全国的な漁業者の困窮が表面化し、それまで行われていた漁場整備、漁礁整備や産卵床整備などの事業に人工的にふ化させた仔稚魚や幼生を放流する事業を加えた「つくる漁業」（＝栽培漁業）が展開されることとなる[14]。

水産資源の保護・増殖に関する事業は、明治9（1876）年に茨城県那珂川で行われたサケ・マスふ化放流が最初であり、明治21（1888）年には北海道千歳に大規模なふ化場が建設されている。東北地方においても、サケ・マスのふ化放流は明治時代から行われていた。しかし、サケ・マス以外の種については、ホタテガイ、ハマグリ、アサリの採苗、移植放流が行われたほかは、ほとんど実施されていなかった。[14]

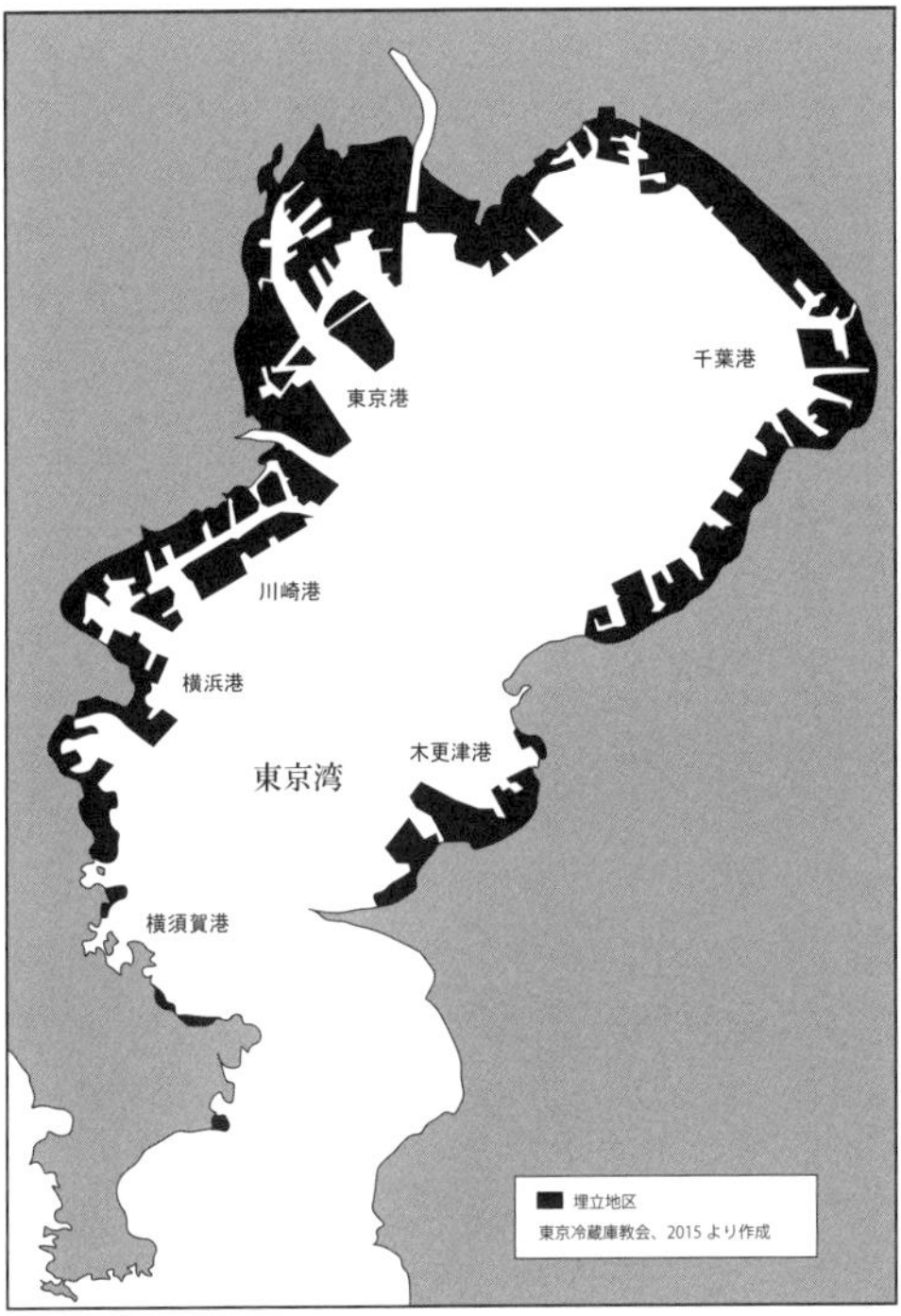

図5　東京湾の埋立地

現代に連なる栽培漁業は、昭和26（1963）年の水産資源保護法の成立と瀬戸内海栽培漁業協会の創立に端を発している。ただし、全国的な大規模な展開には、昭和36～38（1961～1963）年に全国の大学、水産研究所、水産試験場の連携によって実施された「水産増養殖の種苗生産技術に関する基礎研究」など

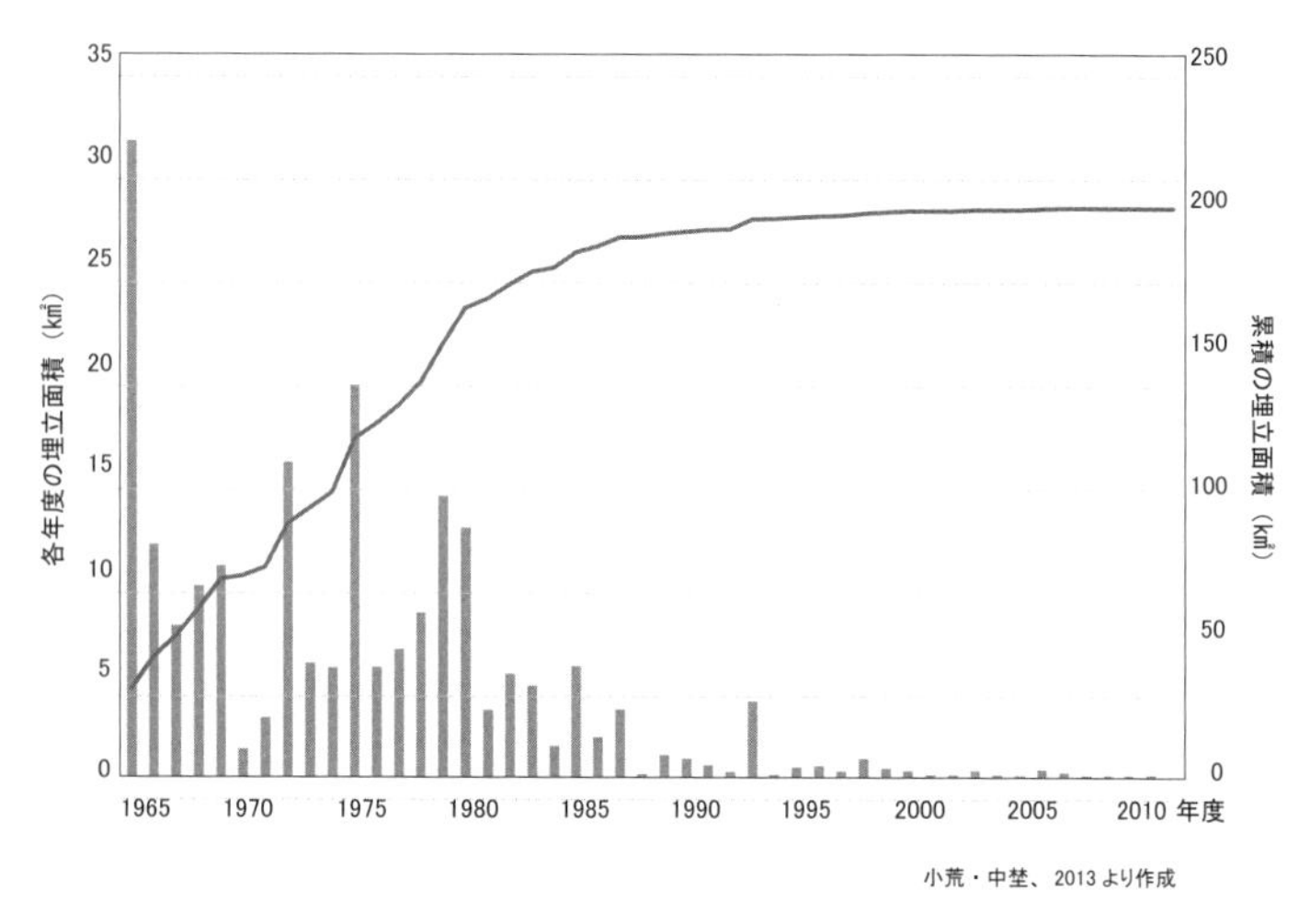

図６　東京湾の年別の埋立面積（棒グラフ）と累積埋立面積（折線グラフ）

図７　東京湾の漁獲量推移

により、クルマエビ、マダイ、ヒラメ、カレイ、アワビ、ホタテガイなどの種苗生産技術開発に関し実施可能な成果が出てからである。なお、この当時培われた種苗生産技術は、その後の日本の増養殖技術の基礎をなしており、ウナギやマグロなど世界トップクラスの養殖技術へとつながった。

昭和46（1971）年以降は、栽培漁業の振興と実施は大学や国の研究機関から、各都道府県の栽培漁業センターへと徐々にその実施母体が移り変わっていった。これは、学術研究で開発された種苗生産技術を実際に現場で応用するためには、それぞれの環境や海域特性に合うように改良する必要があったためであろう。また、それまでの漁業では、資源は自然が育てるものであり、人が資源を増やすといったことの意味は理解されないケースもあったようである。当時、栽培漁業の開始に伴いどのような活動がなされたかについては、

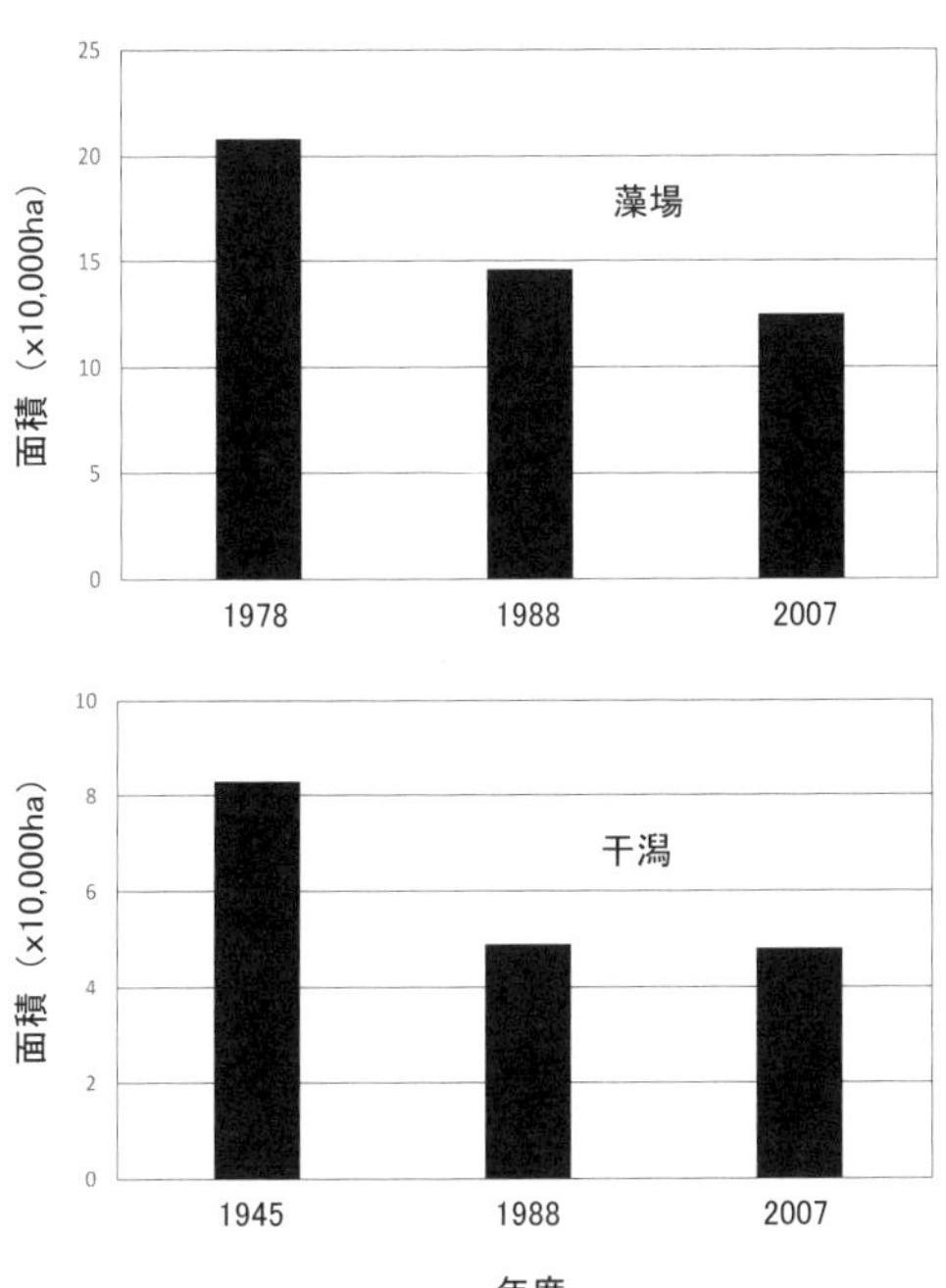

図8　全国の藻場・干潟面積の変化

静岡県水産試験場でクルマエビの栽培漁業に携わった伏見が述べている。[4] 浜名湖での事業展開に関する詳細は、ここでは触れないが、放流種苗の生産技術の改良、中間育成池の設置や管理、放流時期や放流場所の設定とそれに必要な環境評価、放流効果を検証するための漁獲データの収集システムの構築など、実際の現場では多くの取り組みが必要であった。当然のこととして、これらの取り組みは水産試験場の職員だけでできるものではなく、漁業者や流通業者の協力が不可欠であり、また、漁協の仕組みや流通の改革も必要であった。

研究者と漁業者の協同、漁協の仕組みや流通の変化は、地域社会の在り方や住民の考え方と行動をも大きく変えることとなった。これは、「つくる漁業」の大きな成果のひとつであり、資源増殖や持続的利用の観点に立てば、放流による漁獲量維持以上に大きな成果であるといえるだろう。特に、漁師の人たちが、資源は自ら守り育てるものであるという意識を持つようになったことや、環境保全と漁業資源の関係性を実感したことの効果は大きい。現在でも、全国の漁協による種苗放流や沿岸清掃、藻場や干潟の保全活動は広く展開されている。私たち日本人にとってはすでに普通のことと感じられるかもしれないが、諸外国でこのような取り組みがなされているケースは極めてまれであり、このような取り組みや考え方自体が日本の重要な経験であることは、もっと広く伝えるべきである。

一方で、人工的に増やした仔稚魚を養殖の様に限られた環境ではなく、野生生物が生息している天然環境に放つことへの批判は、栽培漁業の開始当初から存在する。天然環境における生物の個体数は、多種多様な生物同士の関係性や環境要因によって決まるものであり、その関係性を無視して人為的に特定種の数を増やす行為は、自然のバランスを崩す恐れがあるというのが、主な理由である。また、最近では、数個体の親魚からつくられた放流種苗の遺伝的形質は、天然の個体と比べて偏りが大きく、これらを天然海域に放流することは、長い年月をかけて形成されてきたその海域の遺伝的多様性を崩壊させる恐れ（遺伝子汚染を引きおこす恐れ）があるという批判もある。このような考え方は、日本よりもむしろ、人間の手が入っていない自然は貴重で尊いものであり、そのまま保存することが重要であると考えるディープエコロジーが浸透している欧米に強いかもしれない。[21・23]

自然のバランスを重要視する立場からの栽培漁業への批判は、自然が豊富に残る地域での種苗放流の際には検討すべき課題かもしれないが、すでに人によって多くの産卵場や生育場が破壊された海域で実施する場合には、かなり的外れな指摘と言わざるを得ない。また、人工構造物がない自然は、長い進化的過程を経て形成されているもので、その自然をありのままにすべきであるとの主張もよく聞くが、可変性の高い沿岸域などのエコトーン生態系においては、その主張は必ずしも当てはまらない。エビ放流の舞台となった浜名湖は、その起源は今から1万8000年前の最終氷期であるものの、最初は淡水湖として誕生し、その後、今から約600年前の1498年の大地震によって汽水湖となっている。[18] 1498年の地震では遠州灘につながる今切口が開いただけで、今のような塩水化は1510年の地震による大規模な今切口の決壊によるとの説もあるが、現在の自然はこの600から500年の間の歴史であり、長い進化の歴史というのは無理がある。他にも三河湾西尾市幡豆町にあるトンボロ干潟は、数々の貴重な生物の生息地となっているが、この干潟も約40年前の地震で形成されたものである。[5] このような土地では、自然の様々な営みによって地形や環境が常に変化し、それに対応するように生態系も変化してきている。新しい生態系だからかく乱してもよいということにはならないが、常に変化しうる可能性を秘めた地域の潜在性を最大限活用する試みは、人と自然が共存する上では、ただその時々の自然を手付かずで残す事よりも有益な取り組みではなかろうか。適度なかく乱と、もともとそこにある自然の生産性を強化する取り組みをどのように評価し、計画し、実施するかがいま求められている科学であろう。また、遺伝子汚染に関する批判については、最近ではできるだけ多くの親魚を使用することや、地元で漁獲された個体を産卵親魚として利用することなどの対策が取られている。

生態系のバランスや遺伝的多様性に関する種苗放流批判には、もうひとつ重要な視点が隠れている。それは、種苗放流が天然資源の増殖を目的としているのか、それとも放流個体を漁獲する漁業資源の増殖なのかという考え方の違いである。ウミガメなどの絶滅危惧種を対象に行われる種苗放流は、それらの放流個体が成長し、次世代を生むことで天然の個体数回復を目指している。実際に天然の個体数が増えるかどうか、これが種苗放流の成功を決めるカギとなる。一方で、漁業資源の種苗放流の場合は、自然が失った漁業資源の再生産力をサポートすることが目的であり、放流した個体はすべて漁獲されることを想定している。したがって、種苗放流しても天然資源が増えるかどうかわからないとした一部の批判も、多少的外れである。もちろん、放流された個体すべてが漁獲されることは実際にはなく、生き残った一部の個体は、産卵に参加し多少なりとも資源の増殖にも貢献しているようである。また、途上国で資源管理意識の強化を目的とした種苗放流事業などの場合は、第一段階で漁獲量の向上を目指すものの、最終的には、住民による環境保全活動と放流活動によって天然資源の増加を期待する。この場合であっても、放流個体によって資源が増加することよりも、環境保全によって自然の産卵場の環境が回復することや適正な漁業規制によって自然増殖速度が高まることを期待しているのであり、放流個体によって直接的に天然資源が増えることを想定していない。この理解はつくる漁業を理解する上でとても重要な視点であろう。

「つくる漁業」は、日本発の取り組みであり、それは単に漁業資源を増やす効果を期待したものではなく、放流を通じた意識・行動改革であり、地域創生の作業である。種苗放流を通じて生活が改善し、資源とそれを支える環境への興味関心が高まり、資源や環境のモニタリングが可能となる。また、住民組織が強化され、環境保全活動や社会活動が展開され、将来への希望や生業にプライドとブランドが付く。この一連の社会変化が重要であるとするのがエリアケイパビリティーの考え方であり、つくる漁業は、その好事例を提供してくれる[3]。そして、このような取り組みは、日本だけでなく途上国でも展開できる可能性を、フィリピンで実施された住民参加型のウシエビ放流事業が示してくれた[9]。

5 エリアケイパビリティーの向上と水産資源の持続的利用

陸域での食料増産は、狩猟・採集から農耕へと移行し、肥料の使用や耕地面積の拡大による食料増産、化学肥料の発明と品種改良による増産を経て、現在では、遺伝子組み換え植物の活用による増産へと移り変わってきた。このような変化は、食料増産に貢献した一方で、自然を生活圏へと変化させ、生物多様性や文化多様性の消失という問題を引き起こした。漁業においては、淡水や沿岸域での小規模漁労から、沖合・遠洋への漁場拡大による漁獲量増大、技術開発による漁獲量の向上が進み、世界的な漁業資源の悪化を招いた。また、漁獲漁業の増大に平行しての養殖生産の増大も進んできており、最近の中国における養殖生産量の増大は目を見張るものがある(図9)。かつての沿岸養殖は、富栄養化などの環境悪化を招いたが、養殖魚の病気の発生なども含め、最近では環境への配慮がなされるようになってきた。この点は、今なお環境悪化を招いている陸域の食料生産と海域のそれとの大きく異なる部分かもしれない。

このような中、漁獲漁業から養殖への本格的な移行を目指している地域や国がないわけではない。また、日本においても「つくる漁業」のような増殖ではなく、養殖に力を入れれば、生産も安定し生産増加も容易ではないのかという意見も聞く。確かに、食料不足を補うための養殖の在り方や普及は、今後取り組まなければならない大きな課題である。しかし、現行の養殖は産業として営まれているのであり、収益性への配慮や市場からの要求へ答える必要がある。また、養殖の餌には、タンパク質が必要であり、通常天然漁獲物から作られる魚粉を用いている。代替えタンパク質として植物由来のタンパク質の活用が研究され、大きな成果を上げているものの、すべてを置き換えるには至っていない。したがって、漁獲漁業から単なる食料増産のための養殖へ完全にシフトすることは今のところ現実的ではない。

最初にも述べたように、世界的には人口増加を背景に食料不足は現実のものとなると予測されている。中でもタンパク質の不足は穀類の食料不足より早期に顕在化するだろう。このような状況で、環境破壊を引き起こさずに、天然の生産力を高めることのできるACの向上を目指した「つくる漁業」の国際展開は、極めて重要な意味を持つ。

ACは、住民による地域資源の活用によって生活が良くなることを通じて、地域資源を支える環境や文化の重要性を再発見し、それらの継続的なモニタリングとケアを促進するという一連の連鎖をエリアケイパビリティーサイクル（ACサイクル）として提案しており（図10）それぞれの地域でACサイクルの数を増やすことこそが、変化に対応できる社会の構築を可能とし、本来の地域開発であるとする考え方である（図11）。つくる漁業は、このACの向上（＝地域開発）の好事例である。[4]

浜名湖では、クルマエビの栽培漁業が漁業者の意識と行動を変容し、共同体意識の変化と環境モニタリングや水産統計の整備が進んだ。クルマエビの中間育成も漁業者自らが行い、環境への配慮もなされるようになった。[17] この成功は、単にクルマエビの漁業資源を増大させ、生活を豊かにしただけ

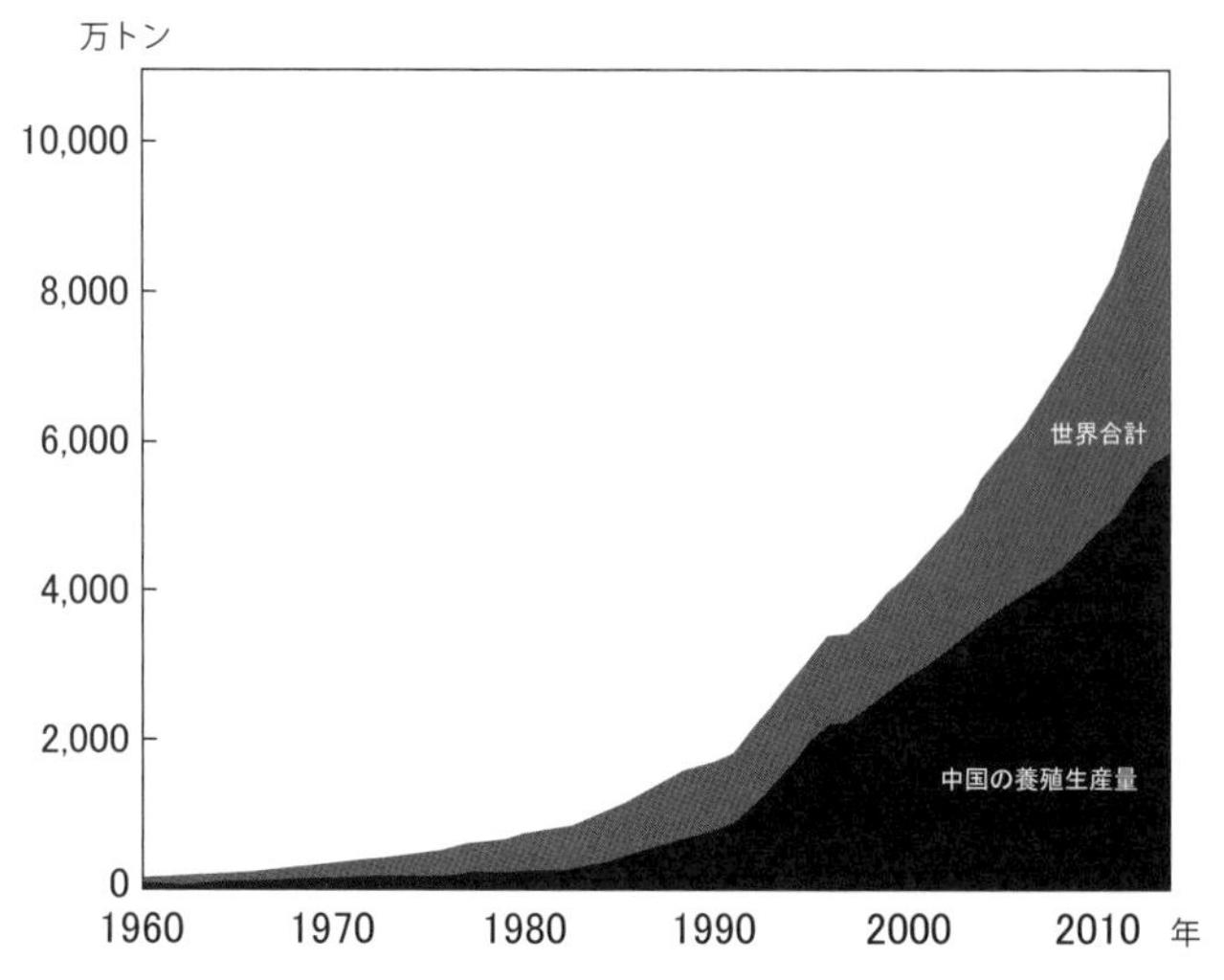

図9　世界の養殖生産量の推移（『水産白書2017』より作成，資料：FAO・Fishstat 及び農林水産省「漁業・養殖業生産統計」）

でなく、地域社会の紐帯の強化や行動規範の順守なども涵養した。このような社会の変化は、単に収入の上昇をもたらすだけでなく、暮らしやすさや自らの生業への自負も涵養することになったのだろう（図12）。そして、ひとつの成功はさらなる成功を引き出す。浜名湖では、クルマエビの栽培漁業の成功は、アサリの採貝規制にも影響を与えた。浜名湖はもともとアサリが豊富で、砂に手を入れるとアサリが四重にも五重にも重なるほど資源が豊富であった。しかし、1960年代中頃に、アサリの需要が高まり価格が高騰すると、浜名湖のアサリ漁も盛んになり、その資源量も減少し、一部の地域がアサリの養殖場を作って、漁場を独占した。これが他の漁業者との軋轢を生み、大きな問題となった。この問題を解決する

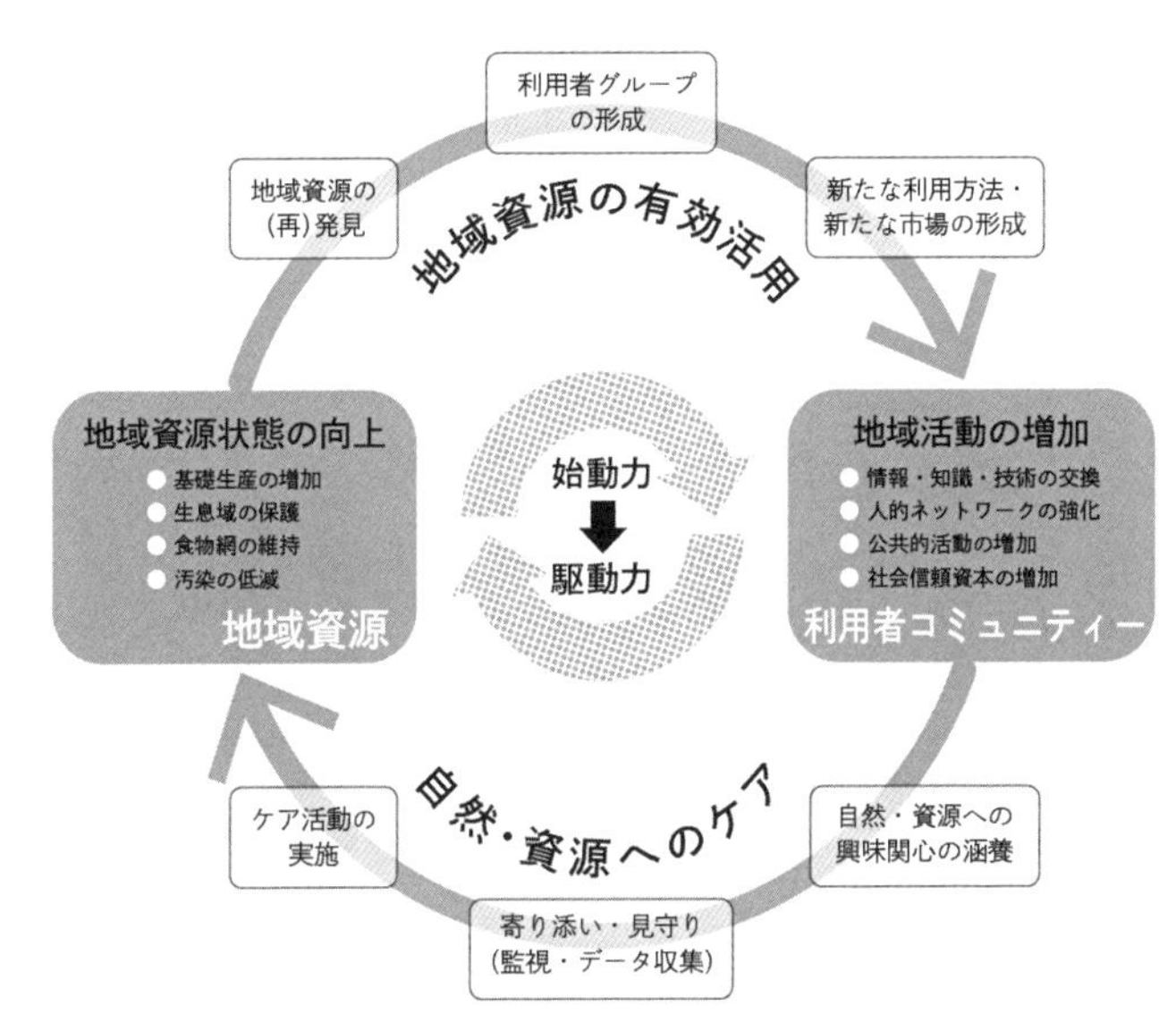

図10　エリアケイパビリティー（AC）サイクルの概念図

ために、漁協を中心として小さい貝は取らないとするサイズ規制や禁漁日、禁漁区の設定など11か条からなる採貝規制が作られた。驚くべきは、この11か条が漁業者自らによって作成された、また、昭和55年3月26日に制定し、4日後の4月1日から施行したことである。当時、1000人を超える漁業者が採貝を行っていたが、制定からわずか4日での実施にも関わらず、違反者はほとんど出なかったのである。[17]

ACの向上は、住民が身の回りにある地域資源を活用することで、環境や社会との関係性が強化されることに加え、地域でのネットワークやコミュニティーの紐帯強化ももたらすことが期待されている。[4] 住民による資源の共同管理について

図11　エリアケイパビリティーの向上がもたらす社会のイメージ
地域には，多くの地域資源があり，それを活用する利用者グループ（コミュニティー）が存在する利用者は，資源とそれを支える環境や社会をケアし，コミュニティー活動が活発になる。

は、E. Ostrom博士らのコモンズ論が有名であるが、複数の資源を複数の利用者集団が相互監視するコモンズ論に対して[25]、ACでは、1つの資源に対して1つの利用者グループを想定し、利用者グループによる資源とそれを支える環境や社会へのケア（寄り添い、見守り、手当を生活の中で行う行為）することを想定している。その上で、その資源と利用者グループという関係性（ACサイクル）が、地域で増えることが様々な変化にも対応できる地域の力を涵養し、地域の活性化をもたらすことを想

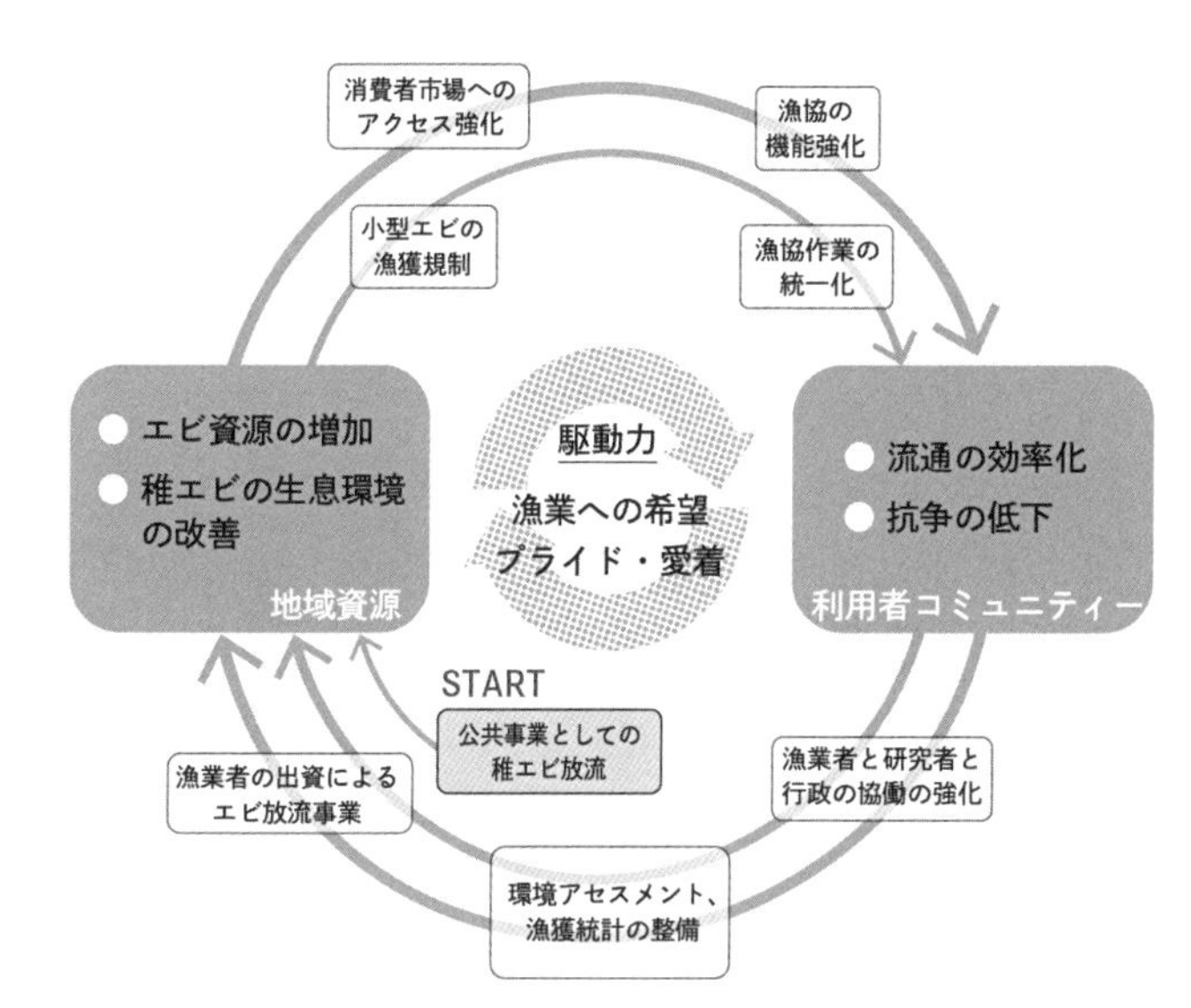

図12　浜名湖のクルマエビを地域資源としたACサイクル

定している。もちろん、コモンズ論においてもアジアや日本にある独特の資源の利用と保全に関する様々なアプローチがあり[1]、ルーズなコモンズの在り方はACアプローチが目指す社会（図11）と極めて近い[6]。また、里海論が描く沿岸社会はACが目指す社会とも極めて近い[21]。

コモンズ論や里海論とACを比較すること自体は、学術的には興味があるが、いずれの方策でもあらゆる地域や課題に適応できるオールマイティーな解は提供できないだろうことから、社会的にはあまり意味がないかもしれない。いずれのアプローチでも、身の回りの自然や自分たちの文化・伝統を、自らが守り、伝えることの重要性は共通している。ACはコモンズ論で理想とされる長い年月をかけて作られた共監視が働く社会や里海論で理想とされる人と自然の関係をどのように作るかという点において、ACサイクルを作り、その数を増やすことを提唱したものである。

6　食料資源管理から生態系のケアへ

水産資源を持続的に使用するためには、乱獲を防ぐために利用を規制する資源管理が重要であるとされる。コモンズ論や里海論においても、管理の重要性が指摘されている。一般的な資源管理は、対象資源の状態を把握し、増殖速度を計算し、その上で持続的に利用できる最大の量(Maximum Sustainable Yields: MSY)を設定する。そして、このMSYを超えないように利用を制限するのである。利用制限の方法については、総漁獲量規制(TAC)や個別割り当て制度(IQ)などさまざまあるが、いずれの場合も対象資源の状態を見て、利用制限を設定することは変わりがない。このアプローチは、多種多様な生物資源が存在し、貧困層が多く暮らす地域に適応が難しいことは、既に述べたが、先進国や対象種が限られた地域においても、このアプローチだけでは持続的な水産資源利用は達成不可能である。なぜならば、水産資源はもともと変動性が高く、産卵期や初期生活期の気象条件などによって増殖速度は大きく異なる。[23] このため、いくら資源量を評価しても、前年より増殖率が低ければ、資源は乱獲状態になってしまう恐れがある。また、産卵場や重要な生育場が埋立や汚染などで破壊されてしまえば、乱獲以上に資源に悪影響が及び、資源は枯渇してしまう（図13）。この環境破壊による資源の劣化は、資源利用を幾ら制限しても防ぐことはできず、持続的な資源利用には、利用の管理に加えて、環境保全がセットになる必要がある。

資源管理を進める場合に、資源利用の制限から生まれる不利益は誰が被るのか？　これは大きな問題である。例を挙げれば、１００トンの魚を獲れる能力がありながら、50トンしか漁獲しない場合に生じる収入の減少分は、だれが負担するのかということである。資源悪化の要因が、単なる乱獲であったとしても、その背景に食料供給の必要性や市場確保のためのやむを得ない社会的状況がある。そのときでも、乱獲による資源悪化の原因を漁業者だけが負うべきものであるかも考える必要がある。また、先にも述べたように海洋生物資源の資源量は、気象や天候なども含め様々な要素から影響を受ける。逆に、資源減少の原因究明の対象を環境破壊まで広げた場合は、要素が多すぎて解明までは膨大な時間がかかってしまうだろう。水俣病などの原因物質が限られた場合であっても、その保証や責任の追及には10年以上かかり、最終的には不明瞭な部分が残っている。多様な要素が関係する生物資源の悪化に関しては、さらに多くの時間がかかるだろう。保全活動に現場にあっても、どのような活動がどのように資源や自然に影響したのかを定量的には把握できず、この取り組み自体が、保全活動の停滞を生む恐れさえある[19]。

生態学や生物学、環境科学の分野では、最新の器機や理論を用いて原因究明のための研究が数多くなされている。学問の進化としては重要かもしれないが、その成果を待っている余裕は生活の現場にはない。また、現場から離れて暮らす研究者が入手できる情報やデータには限界があり、

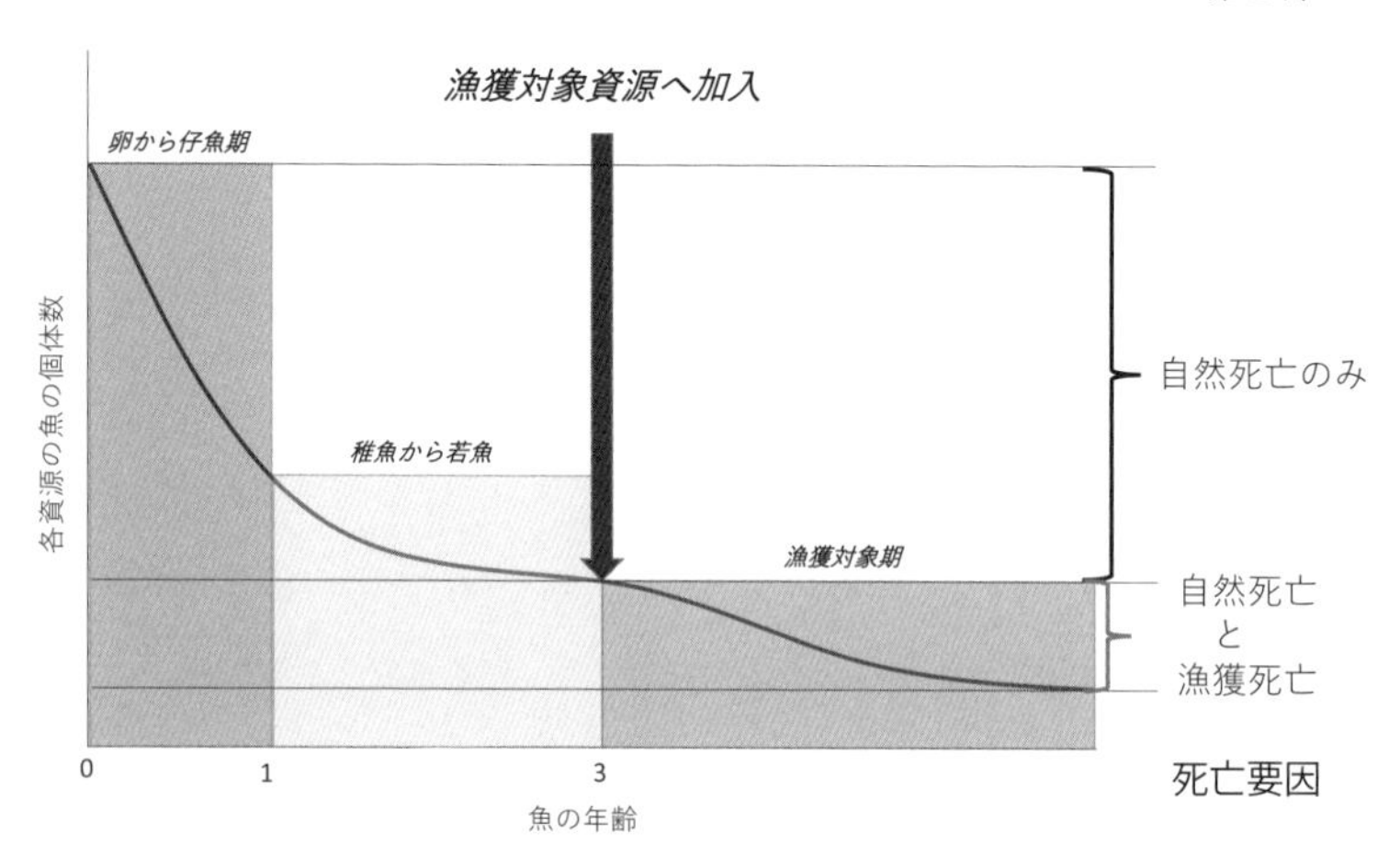

図13　水産資源の個体数減少モデル
卵や仔魚は，環境の影響や捕食によって急激に個体数が減少し，稚魚から未成魚までは個体数は自然死亡により緩やかに減少する。その後，体サイズが大きくなるにつれ漁獲対象となり，死亡要因に漁獲死亡が加わる。

仮に科学的な解明と問題解決を行うにしても、地元住民と研究者および行政の協力・協働なしにはことは進まない。この住民との協働の重要性と必要性は、最近では超学際研究として注目を浴びているが、水産の分野では40年以上前の昭和48年に開催された日本水産学会春季大会シンポジウム「公害問題と水産研究」で明確に指摘されている[8]。ただし、残念ながらその後、住民と研究者の協働は今日まで成功を収めているとは言い難い。

なぜ住民と研究者の協働が促進されてこなかったのか、そこには科学の「正確さ」と「再現性」を求める性質が影響しているだろう。汚染や資源量について、正確に測ることや把握することは、技術の向上やデータの蓄積によって可能となるだろう。しかし、それらの変動の関係性や影響となると、関係する要素が3つ4つと増えれば増えるだけ複雑になり、正確には把握できなくなる。また、実験装置の中での反応は、繰り返し実験で再現性を確保できるかもしれないが、研究対象が自然界となった場合には、資源悪化や環境破壊を繰り返し実験することなどできはしない。つまり、天然海域で生じている現象については、詳細なデータを幾ら集めたところで、正確にかつ再現性をもって、定量的に原因追及をすることは不可能なのである。資源悪化の要因を特定できない以上、正当な根拠に基づく資源管理や保全活動のコスト負担の割り振りもできないことになる。ここに、科学的データに基づく管理や保全活動の実施の限界がある。そして、この問いを解くためにケアという考え方の重要性がある。

管理は、科学的に量的に状態を把握し、義務と権利と責任を明確化させる活動である。一方、ケアは、自己と対象を不可分な存在と認め、親和的な関係性の下で見守り、寄り添い、手当をする活動となる。メアリー・メラーは、著書の中で初期のエコ・フェミニズムを代表するキャロリン・マーチャントが女性と自然の搾取（自然破壊）の責任は、男性支配の宗教と科学への従属にあると非難していることを紹介しており、自身も環境破壊の要因として西洋中心に広まった自然と文化、男性と女性、理性と感情などの明解な二元論的世界観が、それまで親和的かつ包括的に位置づけられていた人と自然、生命を持った有機体である「母なる地球」を、利用し搾取する対象へと変換させたことを自然破壊の要因と非難している。[20] つまり、管理するには、コストを分配するための根拠や責任といった情報が必要とされるが、ケアには、それは必要なく、対象と親和的不可分な関係性の認識だけで十分ということである。原因が複雑化し、責任の明確化が行えない問題に関しては、関係者や意思のある人ができることをできる範囲で行うとするケア活動の促進こそが必要であり、唯一の解決策であろう。ACにおけるケアは、これを意味している。

ケアは、関係者ができる範囲で見守り、寄り添い、手当することであるが、関係者の行いが、本当に対象の資源やそれを支える環境・社会の改善につながっているのかどうか？ については外部的な評価が必要であろう。この対象資源の現状という単一項目に関する評価や監視に関しては、科学的手法は極めて有益である。また、特定のグループの活動は、他のグループの活動や資源にも影響することから、情報やデータは常に公開され、シェアされることが望ましい。コモンズ論においても、住民による資源監視や管理には、ある程度のアクセス制限とコミュニティー意識が不可欠であるとされている。したがって、ACサイクルを完成させ、継続的に駆動させるためには、住民による利用者グループだけでなく、外部の科学者や専門家、そしてそれらの活動に正当性を与える行政の参加が不可欠である。

7　おわりに

食料問題を語るときに、日本の食料自給率の低さを指摘する方も多い。確かに、世界の物流や経済が混乱した場合には、自給率が低いことは食料安全保障において高いリスクとなる。しかし、一般的に計算されている食料自給率はカロリーベースであることが多く、必ずしも我々が日々口にしている食料の量とは一致しない。なぜならば、都市近郊で営まれている野菜栽培などは、カロリー計算では評価されず、一方で、食料油などの輸入はとたんに自給率を低くする。また、もともと土地が少ない日本においては、十分な食料を自国で生産することが、本当に持続的な社会の構築につながるのかもよく考える必要があるだろう。むしろ、世界屈指の漁場を排他的経済水域に持つことを考えれば、漁業によるタンパク質生産を目指すことのほうが世界的な優位性があるのではなかろうか。その上で、貿易を通じて世界とともに食料の安全保障を目指すべきではないだろうか。

そもそも、食料に限らずエネルギーを含め、貿易なしに日本は成り立たない。このような状態で、食料の輸入だけが止まることなど考えられず、もし食料輸入に問題が生じるとしたら、すでに日本は崩壊の道に入っているということだろう。最近の、アメリカやヨーロッパ各地における自国中心主義の台頭は、確かに世界的な危機感を感じさせる。そのような時だからこそ、それぞれの地域の特性を活用し、貿易を通じた安全保障を考えることが大切なのだろう。自身の生活と他国の環境や生活の関連性を実感できるのであれば、共に歩む道を作っていけるだろう。この意味においては、AC的価値観や考え方の広まりによって、エリアを交易先まで含めた大きなエリアケイパビリティーサイクルを作ることが、次の課題である。

参考文献

［１］秋道智彌（編著）（２０１４）『日本のコモンズ思想』岩波書店
［２］有元貴文、武田誠一、馬場治、吉川尚（２０１７）「タイ国ラヨーン県村張り定置網導入」石川智士、渡辺一生（編）『地域が生まれる、資源が育てる――エリアケイパビリティーの実践』勉誠出版、95〜１４４頁
［３］石川智士、渡辺一生（２０１５）『エリアケイパビリティー――地域資源活用のすすめ』総合地球環境学研究所
［４］石川智士、渡辺一生（編）（２０１７）『地域と対話するサイエンス――エリアケイパビリティー論』勉誠出版
［５］石川智士、吉川尚（２０１６）『幡豆の海と人びと』総合地球環境学研究所
［６］井上真、宮内泰介（編）（２００１）『コモンズの社会学――森・川・海の資源共同管理を考える』新曜社
［７］岡市友利、小森星児、中西弘（編）（１９９６）『瀬戸内海の生物資源と環境――その将来のために』恒星社厚生閣
［８］川崎健、田中晶一、野村稔、河井智康（編）（１９７３）『公害問題と科学者』恒星社厚生閣
［９］黒倉寿、伏見浩、石川智士（２０１７）「フィリピン・バタン湾のエビ放流とＡＣ」石川智士、渡辺一生（編）『地域が生まれる、資源が育てる――エリアケイパビリティーの実践』勉誠出版、27〜54頁
［10］小荒井衛、中埜貴元（２０１３）「面積調でみる東京湾の埋立の変遷と埋立地の問題」国土地理金時報、１２４、１０５〜１１５頁
［11］国際農林業協働協会（編）（２００８）『世界の食糧不安の現状２００８年報告』国際農林業協働協会
［12］国際農林業協働協会（編）（２０１２）『世界の食糧不安の現状２０１２年報告』国際農林業協働協会
［13］国際農林業協働協会（編）（２０１５）『世界の食糧不安の現状２０１５年報告』国際農林業協働協会
［14］資源協会（編）（１９８３）『最新版つくる漁業』農林統計協会
［15］水産庁（２０１６）『「平成27年度水産の動向」及び「平成28年度水産施策」』
［16］原洋之介（１９９９）『エリア・エコノミクス――アジア経済のトポロジー』ＮＴＴ出版
［17］伏見浩、渡辺一生（２０１７）「浜名湖のつくる漁業」石川智士、渡辺一生（編）『地域が生まれる、資

源が育てる――エリアケイパビリティーの実践』勉誠出版、55～80頁
[18] 松田義弘（１９９９）『浜名湖のふしぎ』静岡新聞社
[19] 宮内泰介（編）（２０１７）『どうすれば環境保全はうまくいくのか』新泉社
[20] メアリー・メラー（壽福眞美、後藤浩子訳）（１９９３）『境界線を破る！』新評論
[21] 柳哲雄（２００６）『里海論』恒星社厚生閣
[22] レイ・ヒルボーン、ウルライク・ヒルボーン（市野川桃子、岡村寛訳）（２０１５）『乱獲』東海大学出版部
[23] ロデリック・F・ナッシュ（松野弘訳）（２０１１）『自然の権利――環境倫理の文明史』ミネルヴァ書房
[24] 渡邊一（１９９１）『続・雑魚のつぶやき』秋田魁新報社
[25] Elinor, O. (1990) *Governing the Commons*. Cambridge University Press.
[26] Jennifer, J. and Pauly, D. (2008) Funding priorities: big barriers to small-scale fisheries. *Conservation Biology*, 22 (4), 832-835.
[27] Pauly, D., Christensen, V., Dalsgaard, J., Froese, R., Torres, F. Jr. (1998) Fishing down marine food webs. *Science*, 279 (5352), 860-863.
[28] Whittaker, R. H. and Likens, G. E. (1973) Primary production: the biosphere and man. *Hum. Ecol.*, 1 (4), 357-369.
[29] Worm, B., Barbier, E. B., Beaumont, N., Duffy, J. E., Folke, C., Halpern, B. S., Jackson, J. B. C., Lotze, H. K., Micheli, F., Palumbi, S. R., Sala, E., Selkoe, K. A., Stachowicz, J. J., Watson, R. (2006) Impacts of biodiversity loss on ocean ecosystem service. *Science*, 314 (5800), 787-790.

第五章　水産物の流通消費と水産資源

八木信行

本章は水産資源の流通や消費が水産物に与える影響を概観し、関連する将来課題を議論することを目的とする。

1　水産物は工業製品ではなく天然の産品

水産物は工業製品ではなく、天然資源をそのまま人間が利用している。このため漁獲される魚の種類も日によって違うし、生産量も天候や水温などに影響されて不安定となる。また産品は腐りやすい。これは世界共通の現象であり、特に熱帯や亜熱帯の漁業で顕著になる。筆者はカンボジア、ベトナム、インドネシア、インド、タンザニアといった熱帯や亜熱帯地域の漁業生産現場を何回か訪れたが（図1）、専門家でも名前を覚えきれないほどの多種多様な魚が水揚げされ、製氷施設などが不十分な中、大量の人間が関与して荷捌きをする光景をいつも目にする。魚が腐る

図1　インドネシア・ブロンドンにおける水揚げ風景（筆者撮影）

前に素早く売る必要があるため、漁業者は流通チャンネルの中で弱い立場に置かれる。

　インドネシアのブロンドンという漁港で漁業者を対象に筆者が質問調査をした際もこれが伺えた。これは漁業者がどのような魚の買受け人が好みなのかを聞く質問で、Aの買受け人は全ての種類の魚を買ってぃくが安ぃ値段で漁業者の受取金額は低い、そしてBの買受け人は高い値段で買うため漁業者の受取金額は高いが市場価値が高い魚しか持っていかないので低価値の魚は置いたまま去って行く、さてAかBか、どちらがあなたの好みか、という内容である。経済合理性があれば、漁業者の受取る金額が高いBの買受け人が漁業者には好まれそうだが、そうではなかった。10人以上に聞いたが、全ての漁業者がAを志向し、Bでは困るという返答であった。理由を聞くと、腐りやすい魚を置いて行かれることを極度に忌避している様子がうかがえた。つまり、漁業者の頭の中では、腐った魚を片付ける労働時間や精神的なダメージは大きく、多少の金を積まれてもそれは嫌だということになるのであろう。産地では自分の日々の漁労活動に手一杯であり、陸揚げ後の荷造りや発送作業まで手が回らない状況であることが伺える。このため、魚が国内で消費されているのか、輸出に回されているのかについても漁業者はよく知らないと考えてよいだろう。

一方で日本の消費者は、産地の状況をよく知らない。そして関心を有する事項といえば、工業製品並みの安定した供給や、商品の高鮮度などの安全安心、更には肉などの競合する食材と比較した場合の品質と価格の妥当性などである。このため消費者は、水産物に工業製品並みの品質の均一性を求め、「同じサイズでヒゲに欠損のないエビを20匹買いたい」などといった無理な注文をしてくる。これに何とか合わせようとして、スーパーマーケット（以降スーパーとよぶ）はいわゆる四定条件（よんていじょうけん）を商品の納入者に要求する。四定条件とは、毎日決まった時間に（定時）、同じ品質のものを（定品質）、一定の量（定量）かつ一定の値段（定価格）で納入せよという要求であり、スーパーが消費者に対して均質的・安定的に商品の販売を行いたいという都合から生じている。しかし、工業製品ではない水産物は、天候などの影響で漁獲量などが変動するため、日本でも生産者が四定条件を満たすことは難しく、ハードルの高い要求に映る。実際、これを満たすことができるものは、ブリやサーモンなどの養殖魚と、ノリなど加工された水産物である。生産が安定せずに不人気なシイラやサメ類などはスーパーの棚に置いてもらえず、日本でも産地で廃棄されている光景を目にする。これらは未利用魚と呼ばれ、有効活用をする取組が各地でなされているが、商業的に成功しているものは少ないように思われる。日本では３００種くらいの魚種が漁獲対処となっているといわれるが、東京のスーパーの棚に並ぶ魚は筆者が見る限り20種程度である。

なお、日本における水産物の流通は、まず産地市場において水産物を仕分けて出荷し、次に、消費地市場において、全国各地の産地市場から集荷された水産物を揃え、価格形成、決済を行うという仕組みになっている。価格形成は産地市場では概ねセリでなされているが、消費地市場ではセリではなく相対取引（あいたいとりひき）がなされる場合も近年は増えてきた。そもそも消費地市場は、全国から多種多様な魚介類を集約して多数の小売店等に分配する機能を有する。この小売店は以前は「町の魚屋さん」が多数を占めていたが、１９９０年代以降、スーパーなど大型店舗が数を増やした。スーパーのバイヤーは大口需要者であり、先に述べた四定条件を求めることから、セリ・入札で細かく取引価格が決めるよりも、相対取引でする形態が増えた。更には加工品や冷凍品を中心として、消費地市場を経由しない直接取引も増えており、水産物が卸売市場を経由する比率（卸売市場経由率という）は徐々に低下している。これは日本の例ではあるが、欧米でもスーパーなど小売業の寡占化が進んでいる点において日本とも共通の背景を有している。

以前は、「町の魚屋さん」は魚の旬がいつか、本年は豊漁なのかなどの情報を消費者に伝える機能も有していたが、スーパーでは消費者に対して敢えて積極的に声かけはしない方針のところも多く、産地情報は漁業者に以前よりも伝わりにくくなっていると考えて良い。このような産地と消費者の意識のミスマッチをどの様に解決していくことができるのか、以下、国際的な状況を踏まえながら更に考えていくこととしたい。

2　産地の情報を知らせるエコラベル

日本の消費者は、値段や味、鮮度といった製品情報と比べて、魚の産地の状況がどうなっているのかにはそれほど関心は示してこなかった。この理由は、前者は自分の生活や健康に直接影響する情報である一方で、後者はその要素が低いためである。産地情報が詳しくパッケージに書いてあるからといって、高い金額を商品に払う人は日本ではあまりいない。そのような中、生産者がコストを払って消費者に産地情報を伝える行為はさほど一般的ではない。情報はタダだと思う傾向が強い日本では、コストをかけて情報を伝えても、製品単価アップの形でコストが回収できる可能性は低い。

農産物であれば生産方法を表示するものとして有機栽培マークがあるが、これは有機野菜を消費することが自分の健康に直接良い影響を及ぼすと思う消費者層が支持しているものと思われる。

林産物でも、生産方法を示すものとしてエコラベルが存在する。これは、環境に優しい製品にラベルを添付し消費者に情報提供する仕組みである。１９８０年代からアマゾン熱帯林などの森林破壊の問題が注目され、適切な管理がなされた森林から伐採された木材と、そうでない森林から伐採された木材の区別が求められるようになった。そして1996年から、森林管理協議会（Forest Stewardship Council：FSC）のエコラベルが施行された。しかし、発展途上国からは、エコラベルは関税に代わる新たな貿易障害にあたると激しい反発があった。[9]

水産物についても、エコラベルが存在する。ユニリーバと国際的なNGOである世界自然保護基金（WWF）の共同出資によって、1996年に、海洋管理協議会（Marine Stewardship Council: MSC）が設立された。MSCによるエコラベル製品は、2000年から流通が開始された。特に、2006年に米国最大の小売業者「ウォルマート」が、その後3～5年に間に北米で販売する天然物の魚を全てMSC認証製品に切り替えると発表し、注目を浴びた。

日本でも2006年には大手流通・小売業がMSCの流通加工認証を取得し、アメリカなどで生産されたMSC製品を国内で販売する事業を開始した。また日本の生産者としては、2008年9月に、京都府機船底曳網漁業連合会（京都府舞鶴市）がズワイガニ漁とアカガレイ漁を対象にアジアで初めての漁業管理認証を取得した。更に、2009年には土佐鰹水産グループのカツオ一本釣漁業が、2013年には北海道漁業協同組合連合会のほたて漁業が認証を受けている。なお、そのうちカツオは認証を受けた漁業会社が倒産し、ズワイガニも当初の認証取得から5年後の定期更新をしなかったため、現在ではこれらの認証は消滅している。2016年にはあらたに明豊漁業株式会社のカツオ・ビンナガ一本釣り漁業が認証を受け、現時点で日本では合計3つの漁業がMSC認証を取得していることになる。

日本独自の水産エコラベル制度も存在する。これは、マリン・エコラベル・ジャパン（MEL）といい、2007年に設立された。この枠組みの下で2008年12月に日本海ベニズワイガニ漁業が、また2009年5月に駿河湾サクラエビ漁（静岡県）及び十三湖シジミ漁（青森県）が認証を得るなどしている。ただしMELは、製品流通は概ね日本国内だけとなっており、国際的な認知度はあまりないのが現状であること、また国際的なベンチマークとなるGSSI（Global Sustainable Seafood Initiative）から認められた制度にはなっていないこと（このベンチマーク作業は進行中ではあるが）との限界が現時点では存在している。

3　水産物エコラベルの効果と限界

先ほど、産地情報が詳しくパッケージに書いてあるからといって、高い金額を商品に払う人は日本ではあまりいないと述べたが、次に述べるいくつかの先行研究では、水産物エコラベルが添付されている水産物に対して、ラベルが付いていない水産物よりも高い金額を支払って購入する意思を有していることがアンケート結果などから判明したとする研究結果が複数存在する。日本市場を対象とした調査で、大石らは、水産エコラベル製品に対する消費者の潜在的需要を明らかにするため、東京都及び大阪府内の一般住民を対象とした郵送アンケート調査で得たデータを用いて分析を行い、その結果消費者は、「国内産」の製品を最も高く金銭的に評価をしており、「エコラベル」もこれに次いで高い評価をしていることが分かったと報告している。[1] その後、類似の研究が日本で追加的になされ、[2]など いずれも大石らの研究結果と整合性を有する結果が得られている。

しかし、これが生産者側のコストと見合うかは別問題である。ラベリングを認めてもらうためには数百万円から数千万円の金額を認証作業のために払う必要がある。このコストを上回る支払が消費者から期待できるかは、漁業者の規模にもよるであろう。認証が付いた水産物を年中大量に生産できる漁業であれば、コスト回収が可能かもしれないが、認証付きの水産物を少量しか生産できない場合は無理であろう。小規模な漁業者は資金力の関係から認証費用を捻出することがもともと難しいが、大手の水産会社であっても、認証をもらうかどうかは大きな決断になる。よって環境にやさしい漁業であっても、コストなどの問題からラベル取得を敢えてしない漁業も存在する。ラベルが添付されていないものは環境に悪い漁業であるといった見方は間違いであることにも留意する必要がある。例えば養殖のホタテ、カキ、コンブ、ノリ、ワカメなどは、無給餌で生産可能な産品である。つまり、ホタテやカキなどの貝類は、海中に自然に存在するプランクトンなどを餌としており、またコンブなどの海藻類も光合成をして生長するため、漁業者が餌やりをする必要がない。このため養殖の餌（イワシなど）を漁獲する必要はなく、また餌の残渣で海を汚すおそれもない。その意味ではこれらはエコな水産物の一種と見なすことができるが、実際は海藻や貝類などの多くが零細な漁業者によって生産されていることもありエコラベル認証を受けていない。また、未利用魚の消費も推奨すべきであるが、未利用魚は資源量の情報などが少ないため、認証対象にならないという皮肉な状況に陥っている。

更に、海洋環境問題の全てが水産物エコラベル制度だけで解決するわけではない点にも注意が必要である。漁業資源の減少が生じた場合も、その原因は、漁業者による親魚の過剰漁獲なのか、環境変動による稚魚の死亡率増加なのか、温暖化による回遊域の変化なのか、魚の病気の蔓延なのかは、はっきりと特定できない。多くの場合、複合的な原因で漁業資源が減少していると思われ、その場合、漁業者による活動だけをエコラベルで表示しても効果は限定的になる。より効果を上げたいのなら、住民による藻場再生活動や、海に流れ込む河川の水質浄化の取組み、海砂利の採集や埋立ての制限など、その他の取組みについてもラベルなどで適切に表示し、そこで得たプラスの支払を現地の保全活動に還元する仕組みを考え出す必要があろう。

なお、欧米のスーパーでは水産物のエコラベル認証を日本以上によく見かける。これはスーパーなどが数社程度に集約されて寡占状態にある条件下で、環境ＮＧＯがスーパーに働きかけを行っていることが大きいと思われる。欧米の環境ＮＧＯは、持続可能な製品を普及させる際、生産者や消費者は主体となる数が多すぎて影響を行使しにくい一方で、生産者と消費者の中間にいるスーパーは寡占化が進んでいるために影響を行使しやすいと考え、スーパー対して集中的に働きかけを行い、環境ＮＧＯの主張を（半ば強引に）受入れさせる行動をとるとの報告もなされている。[12]また、欧米では産地を信用していないため、このようなラベリングは意味があるとの声もある。

4　FAOにおける水産エコラベルの議論

水産物エコラベリングについて、FAO（国連食糧農業機関）の水産委員会は、その認定・認証の基準や手続きなどを標準化するためのガイドライン策定の議論を1997年から開始した。この背景には、表示の基準や目的について一貫性がない多数のラベルが市場に氾濫すれば、消費者の混乱を招き、当初意図していた効果が得られないおそれもあるとの認識が存在していた。

当初は、この議論が任意のガイドライン策定を越えて、強制的な条項を含む国際条約を策定する事態に発展するのではないかとの警戒感や、先進国が途上国に先んじてエコラベル制度を整備すれば、途上国から先進国に水産物を輸出する際の貿易障壁になるのではないかとの懸念などが途上国の代表団から表明され、議論がなかなか進まない状況も見られた。森林認証について、林産物のエコラベルは関税に代わる新たな貿易障害にあたると途上国などから激しい反発があった点を先述したが、水産についてもまさに同じ状況が見られたことになる。

この様な状況ではあったが、長年の議論の結果、途上国も根負けしたのか2000年代に入ってFAOの水産委員会では水産物エコラベルガイドラインに関する議論がまとまる兆しが見えだした。そして2005年3月のFAO水産委員会において「海洋漁獲漁業からの魚及び水産製品のエコラベリングのためのガイドライン」が採択された。ガイドラインは、民間団体などが任意制度として行うエコラベルの付与に関し、（1）漁業管理の状況、（2）漁獲対象資源系群の状況、

図2　FAO水産委員会の会議風景（筆者撮影）

（3）漁業が生態系に及ぼす影響の、3つの側面を考慮し付与を決定することとした。また、認証を第3者機関が行うことも、エコラベルの重要な要件としてガイドラインに明記されている。

２００５年時点ではＦＡＯガイドラインは海洋において天然魚を漁獲する漁業だけを対象としたものであったが、その後ＦＡＯでは養殖水産物へのラベリング付与についても議論がなされ、２０１１年には養殖水産物に関するエコラベルのガイドラインがＦＡＯで採択された（図2）。

ただし、ＦＡＯでは、本件をめぐって未だに途上国と先進国の間に溝が存在している。例えば、２０１４年２月にノルウェーで開催されたＦＡＯ水産物貿易小委員会では、エコラベルの議題になると、複数の途上国がエコラベルは欧米主導のものでアジアやアフリカにはなじまない、といった趣旨の発言が聞かれた。[4] 実際、アジアやアフリカ諸国の多くが所在する熱帯域や亜熱帯域では、欧州付近の高緯度の海域よりも生物多様性が高く、従って漁獲対象種の数も多い。このため、欧州では漁獲対象種となる10〜20種類程度の魚種に対して年間の漁獲可能トン数を設定すれば良いところが、アジアやアフリカでは１００種類以上の魚種に対してこれを行う必要が生じてしまう。さらにアジアやアフリカでは小規模漁業が多く、陸揚げ場所も多いことから、漁獲枠が守られているか監視取締まりすることも容易ではない。つまり欧米スタンダードの漁業管理を行うには、アジアやアフリカ諸国ではより大きなコストがかかり、そしてその資金を拠出するための余裕も限定されている。途上国側がエコラベルに反対するのも頷ける。

公平性を確保するためには、ＦＡＯでは、今後、ガイドラインは途上国が位置する熱帯や亜熱帯などの自然資源の地域特性などに合わせて今後も柔軟に見直す必要が存在しているといえよう。

5　ＷＴＯで水産物の資源保護を訴えたのは日本

まず、水産物貿易の現状を把握しておきたい。水産物の国際貿易は、食料品の中では極めて活発な部類に入る。ＦＡＯの統計では、１９７０年代以降、水産物の生産量増加に伴い水産物の貿易量も増加が見られている。最近の数字では、世界で生産された水産物の37％は、生産国で消費されず輸出に回されている。これは食料品の中でも飛び抜けて高い数値である。穀物類や果物類、肉類などは10％前後が輸出に回されているにすぎない。自国で消費するのではなく、輸出目当ての漁業生産が世界で多いことを示しているといえるだろう。

水産物の輸出では、世界の水産物輸出量の過半数を途上国が輸出している。途上国から輸出された水産物の75％は、先進国が輸入している。これは、先進国での需要が高いことはもちろん、加えて、先進国の水産物関税水準が途上国に比較して極めて低いことも影響していると考えられる。EU、日本、米国における水産物の平均関税率は、それぞれ4・2％、4・0％、0・2％（OECDが計算した加重平均値）となっている。EU、日本、アメリカは、水産物において世界の3大市場を形成している。

少し説明を加えると、関税率が低い理由には以下の経緯がある。1955年、日本はWTOの前身であるGATT（関税及び貿易に関する一般協定）に加入した。当時から日本は水産物の関税を比較的低く設定しており、魚種による差はなく生鮮冷凍の魚は一律10％、調製品（加工品）は一律20％だった。その後GATTでは、加盟国間の市場アクセス改善などのため、過去8回にわたり多角的交渉を行ってきた。日本が加盟後初めて大規模に水産物の関税引下げを行ったのは、ケネディー・ラウンド（1964～67）合意を受けてのことだった。ここでは主要な魚種の関税が5％となったが、一部魚種で10％関税を維持したものもあった。

次の東京ラウンド（1973〜79）では、5％の関税は3％に、10％の関税は5％になった。1986年にはガット最後の多角的交渉となるウルグアイ・ラウンドが立ち上がった。ここでは、4年という交渉期限が設定されていたが交渉が長引き、1993年12月に実質的な合意に至った。その結果、日本は水産物関税を平均税率で33％削減し、これにより従来3％の関税であったエビなどは1％に、従来5％の関税であったサケやマグロなどは3・5％の税率とした。なお、GATTやWTOではいったん約束した低い関税率は引き上げることができない。GATT第28条に従った交渉の結果としてまれに関税引き上げが成立することもあるが、これは極めて例外的なケースと見て良い。

水産物が活発に貿易されている状況の中、このままでは漁業資源が枯渇しかねない危険性があるとWTOで主張してきたのは日本であった。環境に熱心なはずの欧米先進国はこの主張に冷たい視線を送っていた。

WTO（世界貿易機関）では、2001年からドーハ・ラウンド交渉が開始され、2018年現在も終了していない。日本は、水産物については既に高いレベルまで貿易自由化が進んでおり、むしろ問題は世界的な水産資源の枯渇リスクであって、この問題への対応を可能にする貿易体制の構築が重要だと繰返し指摘していた。以下に、WTOの状況を詳しく見ることにしたい。

WTOは、1995年に、ガットを発展させる形で設立された機関である。「世界貿易機関を設立するマラケシュ協定（WTO設立協定）」の前文には、協定に際し、貿易や生産の拡大だけでなく、「持続可能な開発の目的に従って世界の資源を最も適当な形で利用すること」や「環境を保護し及び保全」することも考慮する旨が明記されている。1947年の「ガット（関税及び貿易に関する一般協定）」の前文では、資源に関しては、「世界資源の完全な利用を発展させる」とだけ記述されており、これと比較すれば、WTO設立協定では「時代の要請」に従って環境面での配慮が明確に記載されたことが確認できる。

WTOにおいては、2001年からその初めてのラウンド交渉が始まり、水産物の関税削減や撤廃などに関し交渉が行われている。水産物貿易は、資源の持続的な利用に対する配慮が伴わなければ、関税などの貿易障害を実質的に軽減しても、貿易は拡大せず、ひいてはWTOの目的も達成できないのだが、2001年から始まったドーハ・ラウンド交渉においては、そのような側面は極めて軽視されているといわざるを得ない。

ドーハ・ラウンドでの水産物の関税・非関税に関する交渉は、前回のGATTウルグアイ・ラウンドと同様、農業交渉とは別の枠組みとなる非農産品市場アクセス交渉（NAMA交渉）で扱うこととなった。実際のラウンド交渉は、1～2カ月に1度のペースでジュネーブにて交渉グループごとに実施されている。NAMAでは、工業品も含めた非農産品の関税引下げが主要な交渉課題だ。米国やNZなどは全ての品目で関税をゼロにすべきとの主張を行い、また多くの途上国は、途上国は別扱いとした上で、先進国だけが関税をゼロにすべきと概ね主張している。

その中で、日本は、2002年12月に「持続可能な開発と林水産物貿易に関する日本提案（TN/

MA/W/15/Add.1)」を提出した。この文書は、ドーハ・ラウンド交渉では有限天然資源の持続的利用を確保することが不可欠とし、以下を主張していた。

・世界の水産資源は、世界的な水産物需要の増大を背景に、過剰漁獲や国際的な資源管理を損なうIUU漁業（違法、無規制、無報告な漁業）等により、減少が続いている。

・漁業はまた、アジア諸国や島嶼諸国において、単なる経済行為ではなく、食料の供給と漁業に依存する漁村地域社会の維持発展に貢献している。漁業が果たしているこうした様々な役割にも配慮しつつ持続的開発を達成することが必要。

・水産物については、各国が個別の魚種について資源状況を考慮するなどして関税水準を決めることができるよう、品目毎の柔軟性が与えられるべき。水産資源の水準や管理の状況及び各国の漁業漁村の重要性に関わりなく一切の関税を撤廃することは、漁業の持続可能な開発に繋がらないことから行うべきでない。

つまり、関税を一律に撤廃するのではなく、魚種ごとに関税引き下げの強弱を付けるべきとのアプローチを提案したことになる。また同年、台湾や韓国も同様の趣旨で文書を提出した。

しかし、それ以上追随する国はなかった。水産資源が枯渇するのは資源管理体制の不備が原因であって、自由貿易が原因ではない、従って、漁業資源管理体制は完璧に行い、同時に貿易は完全に自由化するのがあるべき姿、というのが欧米諸国の意見であった。すなわち、生物資源の保全とはいえ、政府が恣意的に特定の品目の関税率や貿易障壁を高く保つという発想は、保護貿易につながりかねないものであり、警戒すべき行為と映る。従って、貿易自由化交渉では、資源保全に関する問題を敢えて回避した議論を行いたいのが隠れた本音であったと思われる。

なお、WTO交渉は、ワシントン条約や生物多様性条約など環境や水産資源をめぐる他の国際的な会合と同様、先進国対途上国の対立に収拾がついておらず、2018年現在においてもあまり進んでいない。つまり、ここに示した状況は今でも基本的に変わっていないと見て差し支えない。

それでは今後、貿易に関する国際取り決めで水産物はどのように扱うべきであろうか。これには、WTO以外にも、2国間の自由貿易協定（FTA）や経済連携協定（EPA）、環太平洋戦略的経済連携協定（TPP）などがある。ここでは、少なくとも、協定の目的部分に、WTOと同じように、貿易や生産の拡大だけでなく「持続可能な開発の目的に従って世界の資源を最も適当な形で利用すること」や「環境を保護し及び保全」することも考慮するよう明記すべきであろう。更に、GATT協定では20条（g）項に、「有限天然資源の保存に関する措置」については、一定の条件の下で例外的な措置が可能、すなわち平たくいえば、貿易制限などを行うことも妨げないとの趣旨が存在する。2国間の自由貿易協定などでも、このGATT20条（g）項と同様の条項が協定に盛り込まれ、国際的な漁業資源が枯渇しそうな場合などには日本の一方的な判断で輸入禁止措置が打てる体制にすることが望ましい。この点は、ロシアや中国、韓国など、日本と海を接している国と自由貿易協定を結ぶ際に特に重要となる。日本は隣国と海で接しており、多くの漁業資源が海域をまたがって回遊している。更には領土問題が未解決となっている一部海域では、日本の排他的経済水域が設定できていない。日本が漁獲規制をかけても、同じ資源を隣国が漁獲して、自由貿易の下で歯止めなく日本市場に輸入され資源が枯渇する、といった事態は避けなければならない。いずれにせよ、魚介類の関税はゼロにするのであれば、以上の問題への対応がきちんと確保されている必要がある。そして避けるべきは、短期利益を優先して長期的な資源保全が犠牲になるというパターンである。

6　最後に

以上、水産資源の流通や消費が水産物に与える影響を概観し、関連する将来課題を議論してきた。ここで問題点として見出されたのは、産地のことを知らない消費者、消費者の関心事項を知る余裕がない生産者、そして流通で強い立場にあるスーパーなどが無理な要求を生産者に押しつけ、更には国際的な貿易交渉では資源の保全など関係なく貿易自由化を進めようとする各国の外交官の姿であった。つまり各プレーヤーで、関心事項のベクトルの方向性が違うことが課題として見出された。

これらはいずれも、水産物を工業製品であるように勘違いしていることに起因している要素が強く、この解決は一朝一夕には達成できないと思われる。
ただし将来性がないのかといえば、そうでもない。例えば現在、流通ではスーパーが強いが、将来、漁業者から消費者への直接取引が盛んになれば、産業の構造は変化する。他産業ではこのような兆候が既に存在している。例えばマスコミの場合、従来は大手のテレビやマスコミが情報を取りまとめて市民に伝えていたが、インターネットの発達により、テレビやマスコミを通じなくても情報の伝達が可能になった。また、金融でも、従来は銀行などの金融機関が通貨を集金して再配分していたが、これもビットコインなどの新しい手段が生まれて、状況は変化する可能性がある。農林水産物も、何らかの手段で漁業者から消費者への直接取引が盛んになれば、状況に変化が生まれるであろう。この変化に、漁業者がどこまで追随できるのかは大きな課題である。水産物が工業製品ではなく天然資源であることを理解した消費者と、良い関係を築くことが生産者にとっては重要な課題であろう。

参考文献

[1]大石卓史、大南絢一、田村典江、八木信行(2010)「水産エコラベル製品に対する消費者の潜在的需要の推定」日本水産学会誌、76、26~33頁。
[2]森田玉雪、馬奈木俊介(2010)「水産エコラベリングの発展可能性——ウェブ調査による需要分析」

RIETI Discussion Paper Series 10-J-037.
［3］八木信行（２０１１）『食卓に迫る危機：グローバル社会における漁業資源の未来』講談社
［4］八木信行（２０１５）『エコ・ファンタジー』春風社、81〜97頁
［5］八木信行、中田薫（２０１６）「水産物エコラベルに関する現状と課題：水産政策委員会主催勉強会報告」日本水産学会誌、82、54〜57頁
［6］八木信行（２０１７）「アジア・アフリカを念頭に置いた水産物エコラベル構築の必要性」日本水産学会誌、83（６）、１０２９頁
［7］八木信行（２０１７）「水産資源管理の国際協力――開発途上国にとって有効な水産資源管理アプローチと日本の技術、知見の応用」日本水産学会誌、83（６）、１０１９頁
［8］八木信行（２０１７）「国際認証化による食品輸出振興――水産物」都市と農村をつなぐ、７９１、16〜25頁
［9］Gale, F. and Haward, M.（2011）*Global Commodity Governance: State Responses to Sustainable Forest and Fisheries Certification*. Palgrave Macmillan.
［10］Giddings, B., Hopwood, B., O'Brien, G.（2002）Environment, economy and society: fitting them together into sustainable development. *Sustainable Development*, 10, 187-196.
［11］Nakajima, T., Matsui, T., Sakai, Y., Yagi, N.（2014）Structural changes and imperfect competition in the supply chain of Japanese fisheries product markets. *Fisheries Science*, 80, 1337-1345.
［12］Wilson, T.（2011）*Naked extortion? Environmental NGOs imposing*［*in*］*voluntary regulations on consumers and business*. Institute of Public Affairs.

第六章　海洋における順応的管理とはなにか?

松田裕之

1　最大持続生産量と順応的管理

漁業の乱獲

産業社会、情報化社会を迎えてもなお、人類は食糧をはじめとする基本的資源を生物に依存している。生物多様性条約では、これを「生態系サービス」または「自然の利益」と表現する。特に水産物の場合、今なお多くを野生生物資源を利用する獲る漁業に依存している。

生物資源は親がいなければ次世代を残せない。資源を獲りすぎると次世代が育たない。漁具漁法の技術革新により、漁業資源を乱獲する事例がたびたび生じている。末永く漁業資源を利用するためには、節度ある漁獲圧に止める必要がある。

図1はその概念図である。横軸は現在の資源量、縦軸は自然増加(余剰生産力)を表す。「ねずみ

算」と呼ばれるように、餌や棲み処が豊富ならば、野生生物は個体数が幾何級数的に増える。その場合は図1の直線のような関係になる。しかし、実際には、資源が多すぎると餌不足になるなどして、増加率が低下し、ある資源量に達すると、それ以上増えなくなると考えられる。この限界値を環境収容力といい、単位時間当たりの自然増加量を「余剰生産力」という。

資源は余剰生産力の分だけ増えようとするが、漁獲する分だけ減る。漁獲量が余剰生産力を上回れば資源は正味で減り、下回れば増える。図1でMSY(Maximum Sustainable Yield：最大持続生産量)と書かれた▲点の縦軸の分だけ漁獲すれば、そこで資源量は維持される。漁獲量がそれより低ければ、資源量はより多い状態で定常に達する(たとえば図1の●、文献［9］58頁参照)。

図1では、漁獲量が多すぎると資源が枯渇するが、MSYまでなら持続可能な漁業が可能である。「持続可能性」は環境問題の最重要用語のひとつだが、水産学の分野では1950年代に確立した概念であり、「資源経済学」の教科書[2]にも真っ先に説明される概念のひとつである。

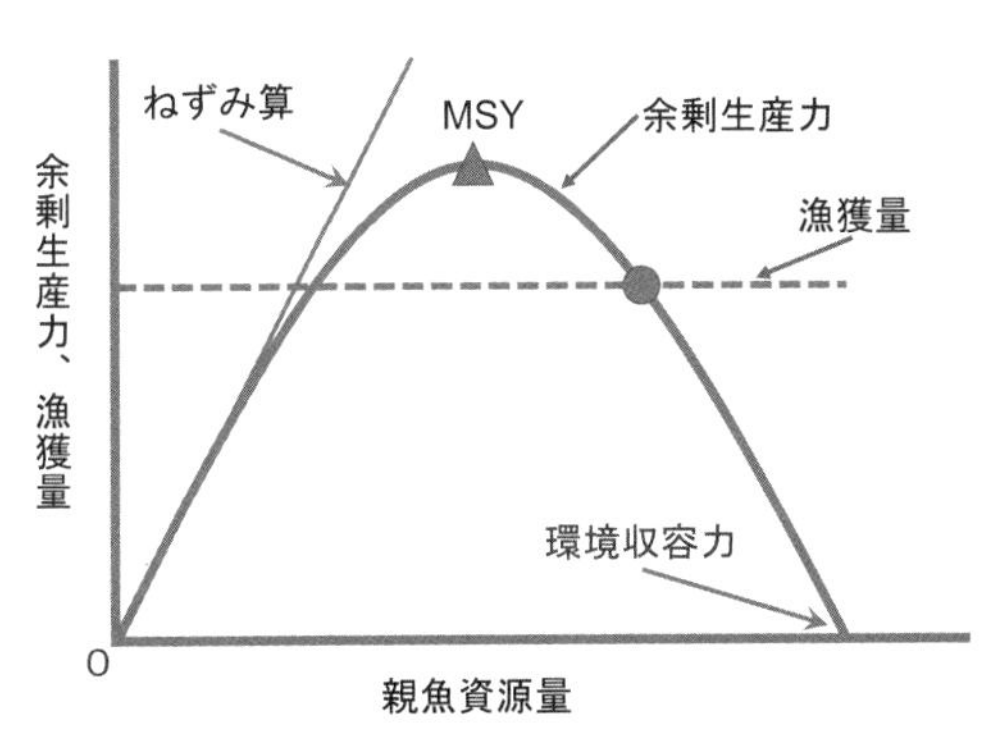

図1　資源量と余剰生産力の関係の概念図

生態系は不確実、非定常、複雑

ＭＳＹ理論の特徴は、目先の利益を追求して乱獲することが、資源枯渇という環境問題を引き起こすだけでなく、長期的な漁獲高も損なうということである。だから、長期的な経済合理性は生物多様性保全と矛盾せず、持続可能な社会に資すると考えられた。

しかし、古典的なＭＳＹ理論は昨今の生態学の発展を反映していない[9]。ＭＳＹは図1のような親魚量と余剰生産力の関係が正確にわからないと描けない。少しでも余剰生産力を過大評価すると乱獲に陥り、漁獲量の水平線と余剰生産力の放物線の交点がなくなり、資源が枯渇するまで減ってしまう。また、余剰生産力は親魚資源量だけでなく、海水温など環境条件に左右され、毎年変わる。さらに、ある生物種の余剰生産力はその種だけでなく、その餌生物や天敵の個体数にも左右される。

すなわち、生態系の状態や機能を人間が正確にわからないという不確実性があり、生態系の状態は放置していても年々変化するという非定常性があり、種間相互作用に左右される複雑系である。図1のような古典的なＭＳＹ理論は、これら3つの要素がどれも考慮されていない。

この中で、種間相互作用を考慮することは可能である。たとえば、互いに種間相互作用をもつ多数の種を利用し、それらから得られる漁獲高の総和を長期的に最大にするという「多種ＭＳＹ」が理論的に定義できる[9]。しかし、多種ＭＳＹはすべての種の共存を保障しないこともわかった。食物連鎖の最上位に位置する種は、その種自身を持続可能に利用するか、それを根絶してそ

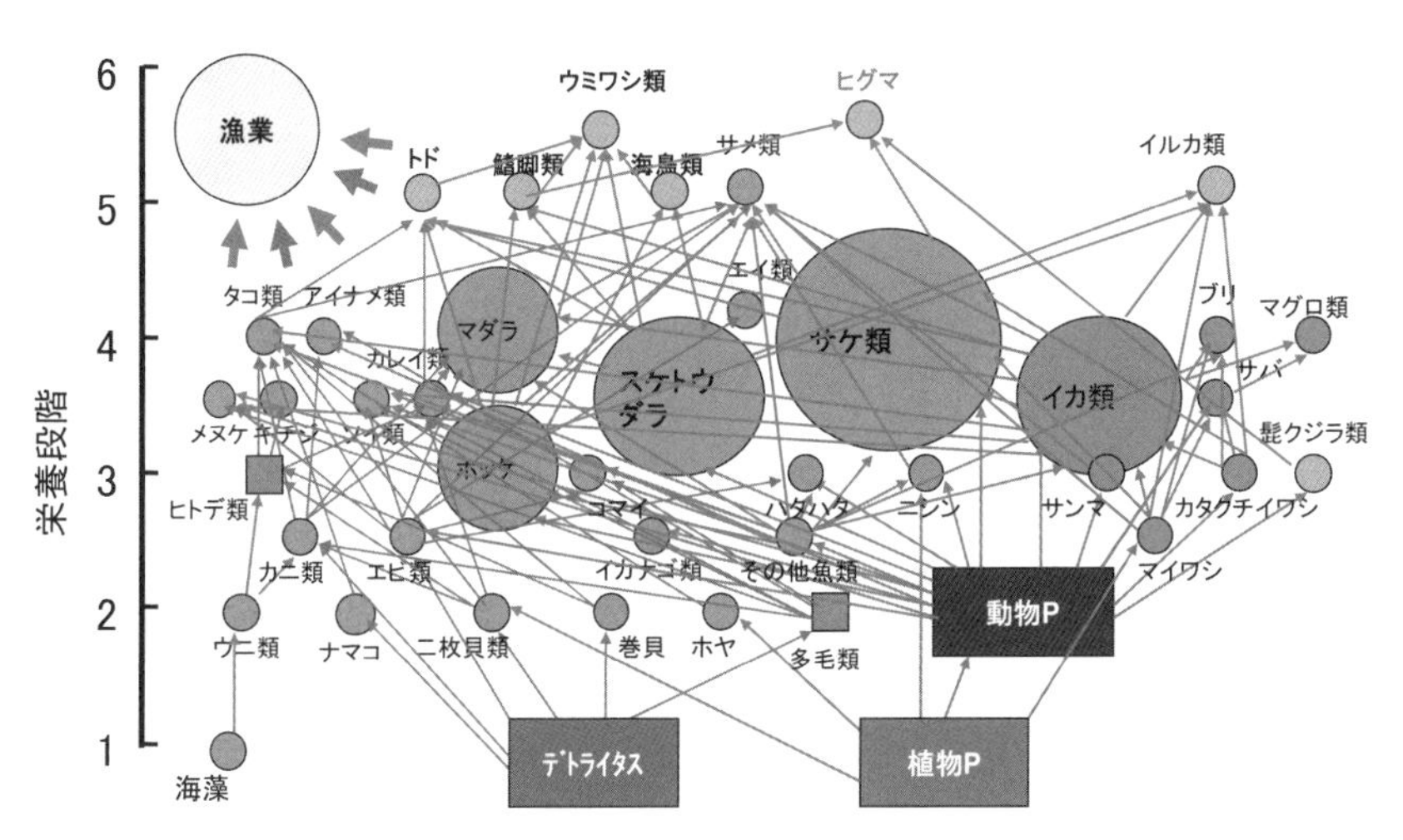

図２　知床世界遺産海域の食物連鎖（文献［4］より改変）

の被食者を増やして利用するかのどちらかであった。最上位種は、その餌生物をめぐって漁業と競合関係にあるから、それ自体に資源価値がないならば、いないほうがよいと考えられる。

図2は知床世界遺産海域の食物連鎖図である。丸い種は人間に利用され、捕獲統計があるものを示す。ゴカイやプランクトンなどを除いて、大半の生物が人間に利用されていることを示す。最上位捕食者はヒグマや海ワシ類で、捕獲統計はあるが、資源として本格的に利用しているわけではない。しかし、絶滅危惧種として保護されている。漁獲量の長期的最大化という視点だけで生態系を管理しているわけではない。

漁業と生態系サービス

生物多様性条約では、自然保護の根拠として、生物多様性の保全とともに生物資源の持続的な利用、そこから得られる利益の公平な分配という3つの原則が掲げられている。生態系を守ることは生態系サービスと呼ばれる自然の恵みを人類にもたらし、結果として人間の福利に資することが説かれている[9]。

生態系サービスとは水産物を含む衣食住燃料薬草などの供給サービスのほかに、水質浄化や洪水制御などの調整サービス、観光資源や祭祀目的などの文化サービスも含まれている。それぞれを経済評価し、自然を守ることが長期的には人類の利益になることを分析している。

注意すべき点をふたつ述べる。自然を損なうことは、必ずしも現世代の人類の利益を損なうとは限らない。漁業や林業の乱獲によって生態系が損なわれることは、短期的には人類の利益につながり、悪影響はかなり後れて現れることがある。

もうひとつは、水産物を含む供給サービスよりも、調整サービスのほうが桁違いに高い経済価値があるとされている点である。つまり、漁業は海の生態系から得られる価値の一部に過ぎない。だとすれば、我々が長期的に最大化すべきは、漁獲量ではなく生態系サービス全体のはずである[9]。MSY理論はこの点でも不完全である。

ただし、MSYという用語は国連海洋法条約の第61条の条文に記されている。条文を変えるには手続きが必要であり、MSY概念が広く定着していたことがうかがえる。

2　漁業資源の順応的管理

漁獲可能量制度とＡＢＣ算定規則

順応的管理（Adaptive management）という理論が生態学者ホリングにより提唱された。[14] 順応的管理は、不確実性と非定常性に対して頑健とされる。本書で秋道が紹介する国際捕鯨委員会（ＩＷＣ：International Whaling Commission）の改訂管理方式は、順応的管理の典型例である。順応的管理とは、ある仮説に基づいて管理計画を立案して実行し、状態変化に応じて計画を変え、同時に仮説を検証していくというものである。つまり、仮説が未実証の段階で政策に生かす。その代わりに、状態変化を継続監視し、変化に応じて計画を変更する柔軟性を持たせる。これをフィードバック制御という。フィードバック制御は温度調節のサーモスタットなど、工学分野で広く導入されている制御方法である。

捕鯨の改訂管理方式の場合、図3のように資源量を監視し、初期資源量の54％以下になったら禁漁とする。図3の▲印がＭＳＹとされ、初期資源の60％で達成されるという仮説に基づいているから、資源の変動がＭＳＹ水準から6ポイント減っただけで禁漁になるという厳しいものである。資源が増えてくれば、捕獲圧を強めても資源が枯渇するリスクは少ない。

順応的管理のフィードバック制御と並ぶもうひとつの特徴は、管理を実施しながら前提とした仮説を検証し続けるということである。これを順応学習という。

国連海洋法条約に基づく漁獲可能量（ＴＡＣ：Total Allowable Catch）も、多くの国の多くの魚種では順応的管理に基づいている。図４は日本の生物学的許容漁獲量（ＡＢＣ：Allowable Biological Catch）算定規則である。ＡＢＣとは、これ以上獲れば乱獲になるという漁獲量の許容限界を表す。資源量にふたつの閾値、警戒資源水準と禁漁資源水準がある。

資源量が警戒資源水準より大きければ、一定の漁獲率で漁獲する。そのときの目標漁獲率は、計算上は警戒資源水準以下に減らさない程度の漁獲率である。漁獲量は資源量と漁獲率の積だから、漁獲量は資源量に比例する。資源量が禁漁資源水準より低ければ禁漁となる。禁漁になる前に資源保護措置をとり、資源量が禁漁資源水準を下回らないようにすべきという考え方である。資源量が警戒資源水準と禁漁資源水準の間にあるときは、資源量に比例して漁獲率を下げる。漁獲量は資源量の二次関数（下に凸の放物線）になる。漁獲率を資源量に応じて調節することがフィードバック制御といえる[9]。

海洋法条約では、距岸２００海里以内をその沿岸国の排他的経済水域（ＥＥＺ：Exclusive Economic Zone）とみなし、ＥＥＺ内の資源を沿岸国が排他的に利用できる代わりに、その資源を持続可能に管理する責務を負う[9]。その責務の具体的な手段として、沿岸国はそれぞれの水産資源に対してＴＡＣを設け、乱獲を避けるよう、条文に記されている（第61条）。

ＡＢＣがそのままＴＡＣになるとは限らない。日本では、ＡＢＣは水産研究・教育機構（水研機構）が水産学の専門家である外部委員の意見も入れつつ定めるが、ＴＡＣは水産政策審議会の場で、漁業関係者など利益団体の委員も含めて社会的合意によって設定する。以前はＡＢＣを上回るＴＡＣが公然と設定され、実際の漁獲量もＡＢＣを上回ることがあった。図５のサバ類の場合、１９９７年の漁獲量はＴＡＣをも上回った時点で漁期を打ち切った。その後もＴＡＣがＡＢＣを上回り、２００８年まで漁獲量がＡＢＣを上回る事態が続いていた。政府が公然と乱獲を容認していると批判された。

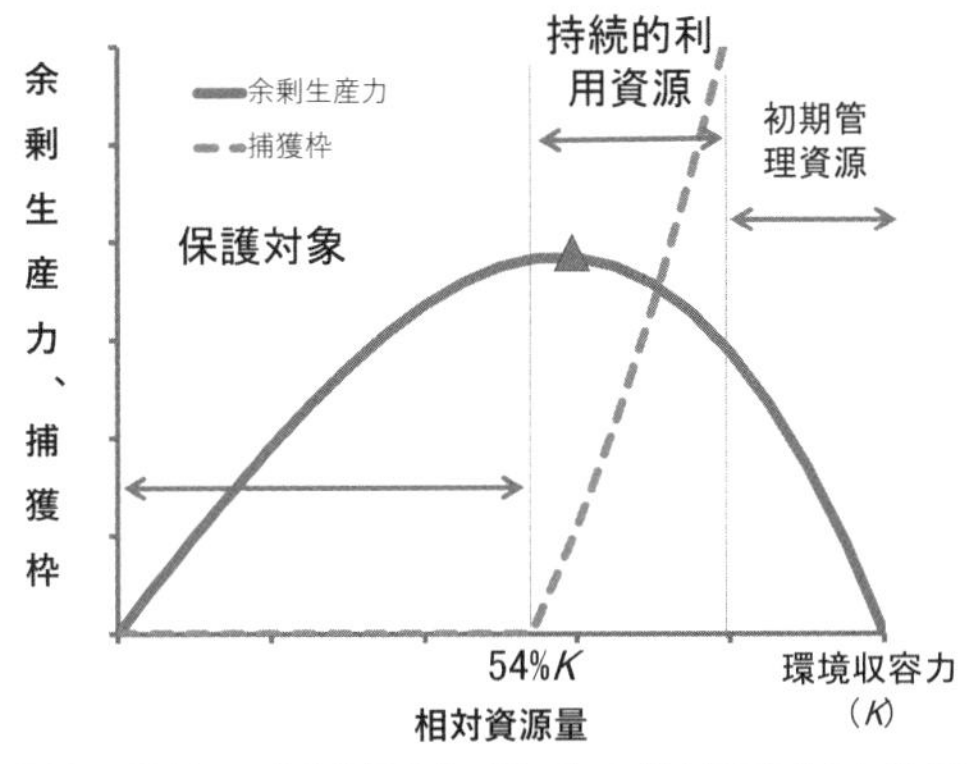

図３　IWCの改訂管理方式による相対資源量と漁獲率の関係[9]

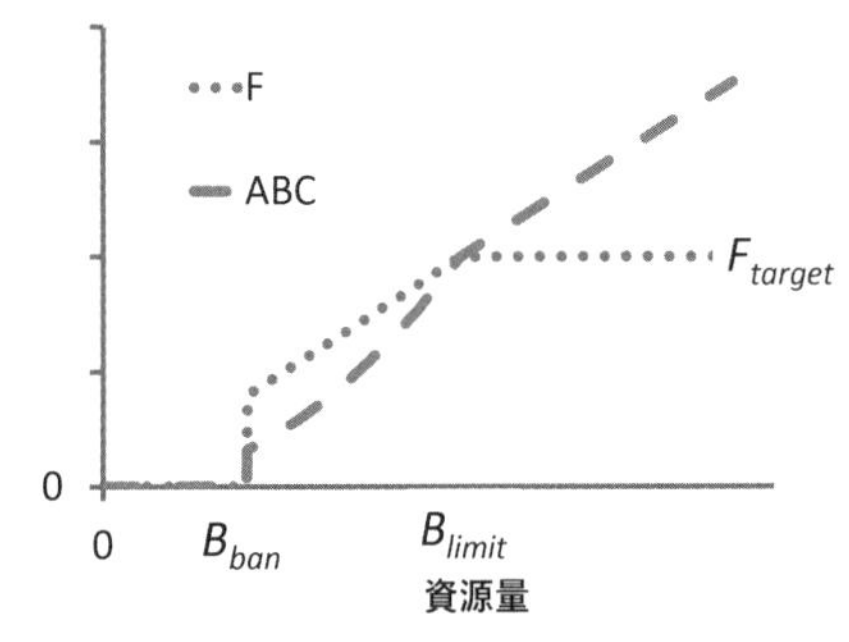

図４　日本のABC算定規則。B_{ban}, B_{limit}, F_{target} はそれぞれ禁漁資源水準，警戒資源水準，目標漁獲率。

非定常性と獲り残し量一定方策

資源が変動する場合も、フィードバック制御は有効である。最適制御理論や動的計画法と呼ばれる工学の分野では、ある年の仔魚の加入率が環境条件により大きく左右する場合でも、漁獲後の資源量を一定に保つ方策が長期的な漁獲量を最大にするとされる。これを獲り残し量一定方策という[9]。

たとえば獲り残し量を100万トンに維持する場合、漁期前の資源量が150万トンなら50万トン漁獲し、110万トンなら10万トン漁獲し、90万トンなら禁漁する。

ただし、この方策は毎年の漁獲量が大きく変動するという弱点がある。また、資源量が正確にわかればよいが、資源量推定誤差が大きい場合、この方法は危険である。図4のABC算定規則は、漁獲量の年変動を和らげ、資源量推定誤差がある場合にも頑健な方策と考えられている[9]。

フィードバック制御は水産資源だけでなく、シカなど陸上の野生動物管理にも採用されている[9]。北海道のエゾシカは、かつては乱獲などによる激減のために保護されていたが、1990年頃からは逆に増えすぎが問題となり、駆除している。捕獲数を増やしても予想通りに減らなかったために、2000年に個体数の推定値を上方修正した。このように、管理を実施しながら前提を見直すことが、上述の順応学習にあたる[9]。

順応的リスク管理とベイズ推計

順応的管理は、未実証の前提に基づいて管理計画を実施し、環境監視を続け、その結果に基づいて、状態変化に応じて方策を変える。資源管理においては、資源量に応じて漁獲量を調節することがそれに当たる。

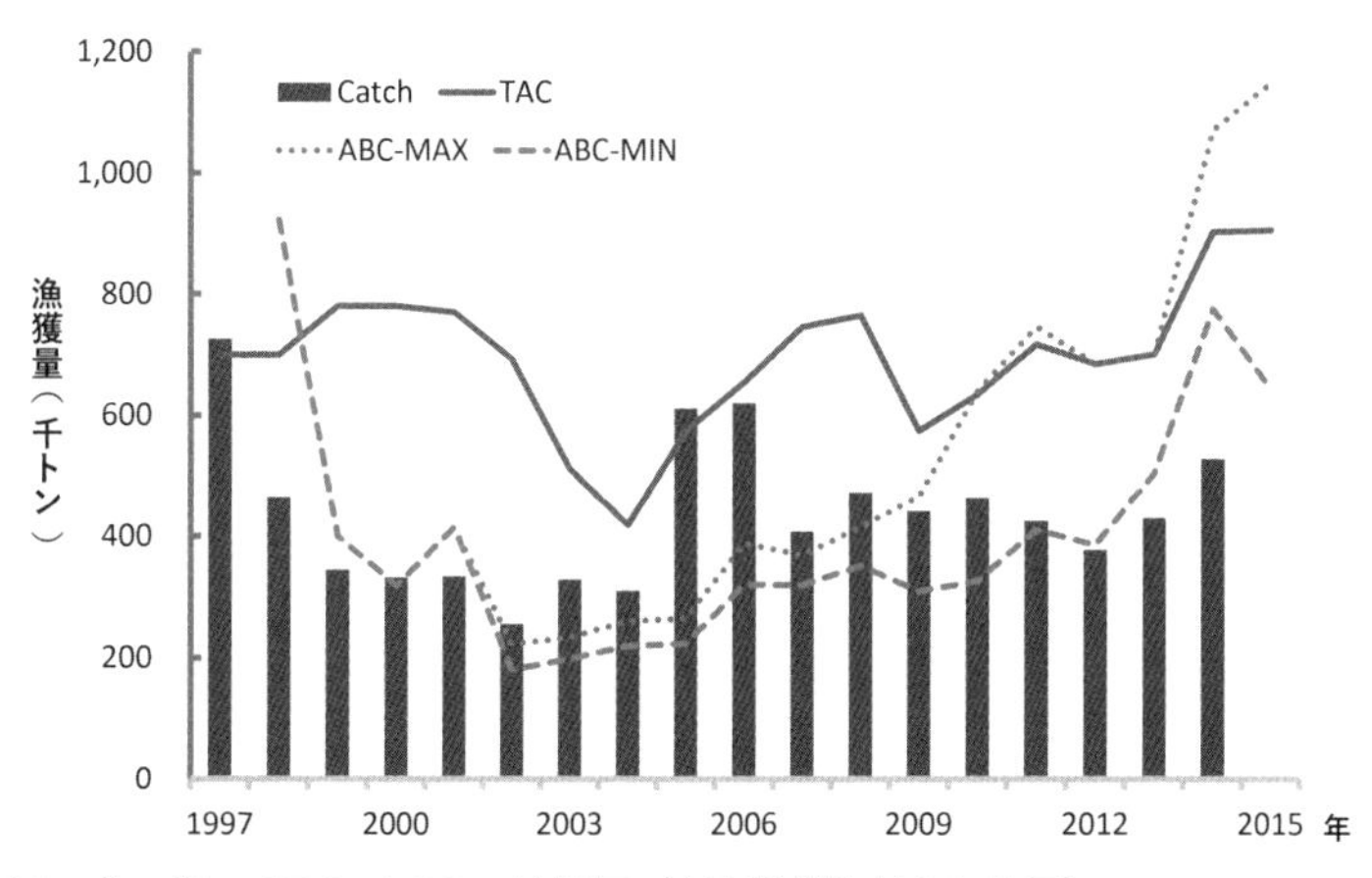

図５　サバ類のABC，TAC，漁獲量（水研機構資料より作図）

事後に方策を変えず、事前に最悪の事態を想定して予防的に対処すると、過剰な対策が必要となる。あるいは最悪の事態が現実のものになったときに追加措置を採らなければ、リスクを下げることができなくなる。フィードバック制御を行うことで、もしものときだけ手厚い対処を行い、リスクを下げることができる。

すなわち、順応的管理は、必然的にリスク管理を行うことになる。その半面、多くの場合、失敗するリスクをゼロにすることはできない[7]。

順応的管理が未実証の前提を用いている以上、その前提は管理計画を実行するなかで改良される余地がある。その前提の更新は、統計学的にはベイズ法と呼ばれる方法で体系的に行われる。これはＩＷＣの鯨類の資源量推定でも使われる。

ここではニホンジカの特定計画の例を説明する。北海道のエゾシカ管理計画がベイズ推計を用いた日本の特定計画で最初の例である。以前は、毎年独立の個体数調査を行い、個体数を推定していた。しかし、積雪や気温などの影響で、毎年の個体数推定には偏りが避けられない。ある年が過小評価され、翌年が過大評価されるような場合が頻発する。

個体数は自然増加と捕獲によって増減する。捕獲数は既知であり、自然増加率も推定されている。毎年ばらばらに推定するよりも、個体群動態モデルを構築し、すべての年の観察値に最も整合した初期個体数が推定できるはずである。管理計画を実施し、調査年数が増えるほど、この推定値は頑健さを増す。最新の調査年の情報を追加して、過去の個体数推定値を修正する。[7] このように、不完全な情報で推定した値を、追加した情報を用いてより正確な値に更新するベイズ統計的手法は、「状態空間モデル（ＳＳＭ：Space State Model）」と呼ばれる。ＳＳＭは、順応的管理になじむ推定方法である。

３　共有地の悲劇と排他的経済水域

経済的割引と共有地の悲劇

ＭＳＹ理論は１９５０年代から知られていたが、実際には多くの国の多くの資源で乱獲が続いていた。その理由はふたつ挙げられる。ひとつは経済的割引で、もうひとつが共有地の悲劇である。[9]

経済的割引は、将来の利益を現在の同じ金額の利益に比べて割り引いて考えるというものである。毎年の割引率をたとえば５％とする。毎年ＭＳＹの漁獲量ずつ漁獲する場合と一度にすべて漁獲する場合を比較する。10年後の利益は今年の利益に比べて95％の10乗で約６割しかない。未来永劫の利益も無限大ではなく、公比95％の無限等比級数だから、今年の利益の20倍に過ぎない。MSYの漁獲量は、その生物資源の内的自然増加率を4％とすると、環境収容力の1％にすぎないから、20倍でも環境収容力の20％にすぎない。1年間で資源の2割以上獲るか、10年間で2・5％ずつ獲れば、MSYで未来永劫獲るよりも、短期間での利益のほうが現在価値が高くなる。

乱獲が経済的に合理的となる理由はもう一つある。生物資源を複数の者が利用できる共有資源であるとき、自分が乱獲しなくても、誰かが乱獲すると、資源は減る。その将来の不利益は乱獲した者だけでなく、乱獲しない者にも及ぶ。乱獲した者は短期的な利益を得るが、乱獲しない者は短期的利益も長期的利益も失う。他者に乱獲されるよりは先を争って乱獲するようになる。こうして、共有資源であるために資源の枯渇を招いてしまうことを「共有地の悲劇」といい、1960年に生態学者のG・ハーディンによって提唱された[9]。

多くの国で、野生水産資源は獲るまでは誰の物でもない「無主物」である。そして、獲ったら獲った者の物になる。漁場が自由参入であると、共有地の悲劇が生じやすい。日本では、沿岸資源はその地域の漁業協同組合（漁協）のみが漁獲できる「共同漁業権」がある。これは共有地の悲劇を防ぐ効果がある。しかし、沖合は自由参入である。

自由参入でなくても、複数の者が利用する場合には、MSYは経済的な最適解ではなくなる。経済学のゲーム理論でいう「非協力解」では、資源量を環境収容力Kの半分に維持する状態がMSYの場合、2者で利用するとKの三分の一にまで減らす状態になる。3者なら四半分、N人ならN＋1分の1に減らす。[11]

排他的経済水域

共有地の悲劇を回避する最も単純な方法は、共有地を私有地に分割するか、単一の管理者に委ねることである。海洋法条約は公海を減らし、EEZを設けて沿岸を沿岸国が排他的に利用できるようにした。そして、先に伸べたように、EEZ内の資源は沿岸国が乱獲を避ける責務を負う。逆に、単一の権威が漁場を管理することも、共有地の悲劇を避ける上で有効である。EEZ内で沿岸国がTACを設定するのも、国家による管理を義務付けていると言える。残念ながら、日本ではサバ類（マサバとゴマサバの合計）、サンマ、マイワシ、ズワイガニ、スケトウダラ、マアジ、スルメイカの7魚種のみにTACが設定され、他種は水研機構がABCを公表しているものの、漁獲量がそれを上回る例が散見され、かつ、資源が減り続けている。これでは、海洋法条約の趣旨に背いていると言わざるを得ない。

4　順応的管理の意思決定

日本のTAC制度の問題点

日本のABC算定規則はフィードバック制御であると述べたが、本来の順応的管理から逸脱した面もある。ひとつ気になるのは、図４の規則の警戒資源水準や目標漁獲率の値を毎年更新していることである。通常、管理計画は目的を定め、それを実現するための期限を区切った具体的な数値目標を定め、それを達成するための実行計画を定める。目的と目標と計画はセットである。たとえばミナミマグロ保存条約では、ミナミマグロの保存及び最適利用を適当な管理を通じて確保するという条約の目的を各国が合意し、１９９０年頃には「２０２０年までに１９８０年の親魚資源量水準へ資源を回復させること」という数値目標を定め、厳しい漁獲枠の削減を加盟国で協力して進めてきた[9]。

日本のＡＢＣも、一見、数値目標を実現するための実施計画であるかにみえる。２０１２年頃から、水研機構はそれぞれの資源について複数のシナリオを設定し、シナリオごとのＡＢＣを算定するようになった。たとえば、近年の最低だった頃の資源量より減らさないシナリオ、現在の漁獲圧を維持するシナリオなどを想定し、それぞれを達成するＡＢＣを出している。

管理の目的を決めるのは、科学ではなく社会である。持続可能性の追求は国際標準だが、国際標準は時代とともに変わる。科学自体が価値命題を語ることはない。また、数値目標は社会が合意した目的を具体化したものだが、これも科学だけでは決められない。

たとえば持続可能な漁業を行うという目的と、現在は乱獲状態にあるという科学的認識が得られたとする。資源を回復させるべきことは異論がないだろうが、どこまで回復させるかには不確実性が伴う。不確実性、非定常性、種間関係を無視したＭＳＹ理論に基づくＭＳＹ水準を計算し、それを回復目標とすることは、必ずしも科学的に妥当とはいえない。ただし、回復目標を決めなければＡＢＣは算出できない。回復目標は科学者の提案に基づき、社会が合意する必要がある。さらに、その目標まで何年かけて回復させるかは、科学的には決められない。早く回復させるにはより厳しい漁業規制が必要である。生態学者は、利害関係者が合意できるよう、数値目標とそれを達成するのに要する期間を見極め、それを実現するＡＢＣを定めることである。利害関係者も、生態学者の試算をもとに数値目標を定めることになる。

水産資源管理の基本手続き

すなわち、資源管理計画の立案には、利害関係者と科学者の間で何度もやり取りが必要である。それは図6のようになる。この図は横浜国立大学21世紀ＣＯＥプログラム「生物生態国際リスクマネジメント」の作業部会でまとめたもので、水産資源管理だけでなく、環境リスク管理に一般的に適用することを意図した提案であり、気候変動枠組条約や環境影響評価手続きを参考にしている[9]。

科学者自身の価値観を押しつけないように、節目節目で社会の合意に委ねている。最初に問題設定の範囲を絞り、管理目的を定め、数値目標と実行計画を合意する。この3つの節目は科学者でなく、社会が合意する。そして、各段階の合意に基づいて次の段階に科学的議論を進める。

気候変動枠組条約では、温暖化防止という目的を予防原則に基づいて１９９２年に合意した。当時は地球温暖化はまだ仮説であり、それを合意するために予防原則そのものをリオ宣言に書き

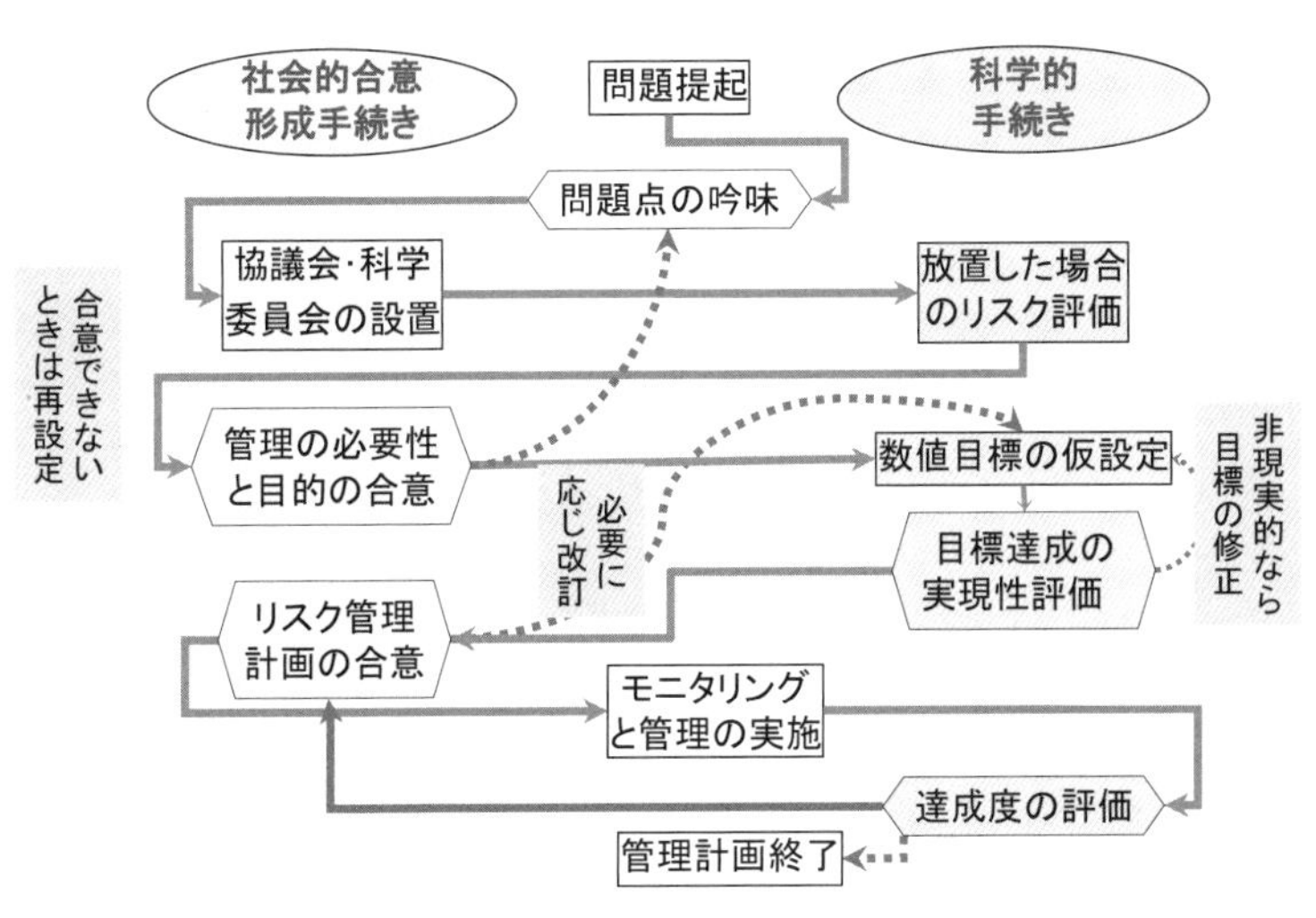

図6　生態リスク管理の基本手続き[9]

込んだ。[9] その後で1997年に数値目標を定めた京都議定書を先進国で合意した。このような手順を踏まなければ、痛みを伴う国際合意は不可能だっただろう（それでも、超大国の米国は離脱した）。ほかの環境に関する国際条約も、似たような手順を踏んでいる。

環境影響評価手続きも同様である。まずは事業者が方法書を提示し、その段階で広く意見を求める。方法確定後に調査し、影響を予測し、評価し、保全対策を提案する。その段階で再び意見を求める。こうすれば、結果を見てから、方法自体への批判は起きにくくなる。

そして、先に述べたように、このような計算は必ずしも実証された前提だけでなく、未実証の仮定を使って計算せざるを得ない。その仮定の妥当性は、資源管理計画を実施しながら検証し、必要に応じて修正していくことになる。それが順応的管理である。

残念ながら、日本のTAC制度は、このような手続きが採られていない。利害関係者は漁業者に限られ、海の生態系サービスを享受しているはずのほかの多くの関係者は蚊帳の外である。そして、水研機構が複数のシナリオを提示しても、関係者はどのシナリオを選んだかを判断しない。毎年複数のシナリオが水研から提示され、関係者にとって都合のよいシナリオのABCが選ばれている。そして、目標を達成したかどうかを責任を持って総括する仕組みがない。

これは、ほかの日本の環境政策とも大きく異なる。たとえば環境省の鳥獣保護管理法に基づく都道府県の特定鳥獣管理計画（以下、特定計画）では、目的と数値目標を5年おきに定め、意見照会手続きを経て確定し、それに基づいて毎年実施計画を定める。1999年に導入された特定計画制度は1998年から実施した北海道の道東地区エゾシカ保護管理計画が先行事例であり、そのエゾシカ計画はIWCの改訂管理方式のフィードバック管理をモデルとしたと明記している。[9]特定計画制度も必ずしもうまく機能しているとはいえないが、少なくとも問題点が明確にされている点では、ABCやTACを出したままのTAC制度よりは機能しているといえるだろう。

そもそも、資源の最低水準を下回らないとか、漁獲量の現状維持というのは、乱獲を防ぎ、持続可能な漁業を目指すという趣旨を満たしているとは言い難い。

このような日本のTAC制度を改善するには、第一にTAC対象魚種を増やす必要がある。過去において漁獲量が水研が公表したABCを超え、資源状態が悪化している魚種系群は、TAC

対象魚種とすべきである。第二に、ＡＢＣを水研が答申するまえに、関係者の間でシナリオをひとつに絞るべきである。そして第三に、合意する関係者を漁業者だけでなく、他の海面利用関係者や環境団体を含めるべきである。[10]

オリンピック漁業と個別漁獲割当量制度

ＴＡＣを定めれば合理的な漁業ができるかといえば、そう単純ではない。図７は日本のマサバ太平洋系群と欧州連合のタイセイヨウマサバの漁獲物の年齢組成である。日本がほとんど三歳未満の未成魚を獲っているのに対し、欧州は成魚中心である。未成魚を獲るよりは、成長を待って成魚を獲るほうが次世代を残しやすいだけでなく、漁獲量や漁獲高を増やすうえでも効率がよい。ほとんどの魚は、成魚のほうが脂が乗って、一尾当たりだけでなく、単位重量当たりの魚価が高い。

日本と欧州の差は漁業制度の相違によるものと考えられる。どちらもＴＡＣを設け、乱獲を避けている点は同じである。しかし、欧州諸国が漁獲枠を漁業者ごとに割り当てる「個別漁獲割当量（ＩＱ：Individual Quota）制度」を採用しているのに対し、日本は沖合の大型の大臣許可漁業と県別の知事許可漁業ごとに大まかに漁獲枠を分けているだけである。ＩＱ制度のもとでは、もし未成魚に遭遇してそれを獲ってしまうと、次に成魚の大群に遭遇しても、成魚を十分に獲ることができない。したがって、漁期初めには、未成魚を見逃して成魚を探す。

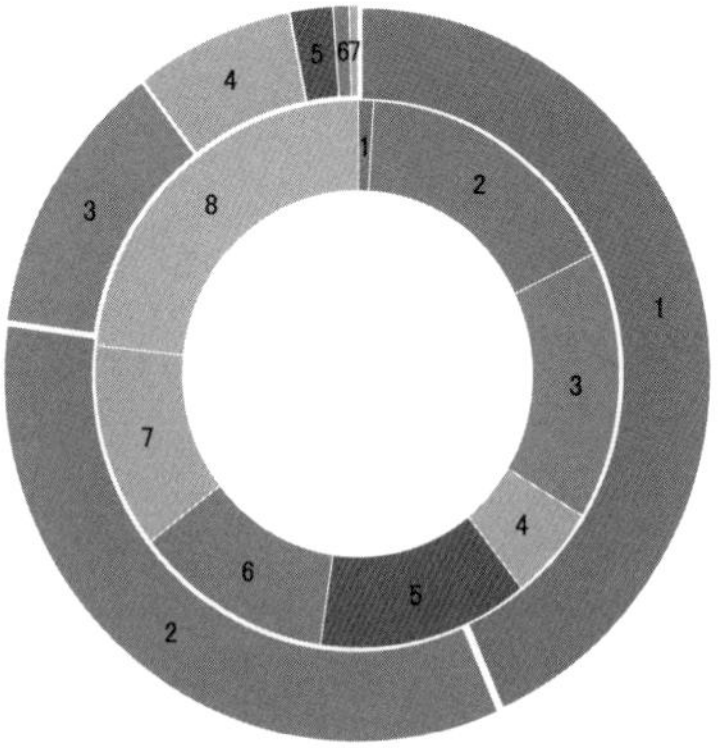

図7　太平洋マサバ（1998年＝内側）と大西洋マサバ（外側）の漁獲物の年齢組成[9]

それに対して日本の漁業は、未成魚を獲った後に成魚に遭遇すれば、全体として漁獲枠に達しない限り、成魚をたくさん獲ることができる。だから、未成魚を見逃す必要はない。このような「早い者勝ち」の制度を「オリンピック方式」と呼ぶ。日本の漁業も、大臣許可と各県の知事許可に分けられているから、厳密にはオリンピック方式ではないという意見もあるが、図7を見る限り、少なくとも結果として、欧州との差は歴然としている。

ＩＱ制度からさらに進んで、漁獲枠を超えそうな漁業者が枠を満たさない漁業者から漁獲枠を買い取る「譲渡可能個別割当量（ＩＴＱ：Individual Transferrable Quota）制度」を採る国もある。このように枠を設けて取引する「キャップ・アンド・トレード」制度は、気候変動対策における排出権取引のモデルになったともいわれる[8]。

ＭＳＹ概念は持続可能性の草分けである。順応的管理を育てたのもＩＷＣの改訂管理方式といえる。漁獲枠取引も含め、水産資源学は環境科学の重要な概念を数多く生んでいる。しかし、それが開花しているのは、ほかの分野であるとも言えるだろう。

それ以外にも、共有地を利用する際に税金をかけるとか、逆に罰金を科すという手段もある。これらも、単一の管理者がいることで実現するといえる。各利用者にどこまでの自由があるかはさまざまであり、どの方法が有効かは条件次第で変わる。いずれにしても、利用する者にも持続可能性に対する理解と制度遵守の倫理が必要なことは言うまでもない。

5 生態系管理と順応的管理

多魚種順応的管理の限界

生態系の特徴は不確実性、非定常性と複雑系であることと述べた。順応的管理はフィードバック制御と順応学習により、不確実性と非定常性に頑健であると述べた。けれども、複雑系でもうまく機能するとは限らない。

たとえば、イルカのような最上位捕食者とその餌となるイワシのようなプランクトン食魚類を考える。ここで、被食者のみを利用する漁業を考える。被食者の資源量を監視し、それが減ったら漁獲率を下げるフィードバック制御を行う。しかし、実はこれでは乱獲を防ぐことは難しい。被食者を乱獲しても、すぐに減るのは被食者ではなく、その捕食者である捕食者である。被食者は捕食者が激減するまではそれほど減らないかもしれない[12]。

この被食者捕食者系を持続可能に守るためには、漁獲対象種であるイワシだけでなく、その捕食者であるイルカも監視し、イルカが減ったらイワシを獲ることを控える必要がある。つまり、先に述べたＡＢＣ算定規則のように、漁獲対象種だけを監視するだけでは、生態系を守ることはできない。

生態系は種間相互作用のある複雑系である。対象とする魚種だけのことを考えても、持続可能な漁業は設計できない。けれども、生態系全体のことを考えて、最適な漁獲率を各種別に設計することは、現在に至るまでどの国の漁業管理にも採用されていない。理論的には、それは不可能ではない。最適制御理論を用いれば、非定常な複雑系における最適漁獲を設計できる。ただし、種間相互作用を含めた生態系の動的特徴を、定量的に正確に知る必要がある。また、獲り残し一定方策で述べたように、最適制御理論は不確実性に対しては頑健でない。

もっと単純な方法も提案されている。スイッチング漁獲と呼ばれる方法は、相対的に資源量が高水準にある魚種に漁獲努力を集中するという管理方策である。互いに競争関係にある資源でもよいし、異なる海域にいる類似の資源でもよい[5]。単一種ごとの資源管理に比べて、資源が減った時には保護され、全体として総漁獲量を高めに維持することができる[11]。

グローバルコモンズとしての公海

私有地に分割するか、単一の管理者が漁獲枠を設けるなどして、一元的に管理するだけが、共有地の悲劇の回避方法ではない。互いに相手を信頼し、相手が乱獲を控える限り自分も避けるという「相互協力」も、共有地の悲劇を避けるひとつの方法である。すなわち、共有地（コモンズ）のままでも、互いの協力関係があれば乱獲を防ぐことができる。

相互協力行動は、人間社会の様々な局面で実現しているし、他の動物にも存在する可能性がある[1]。それが実現するひとつの鍵は、仲間どうしで長く付き合うことであるという。したがって、自由参入のような場合には、裏切り者が出現しやすい。その意味では、限られた仲間だけが利用する共同漁業権は理に適っている。共同漁業権のように、自由参入ではなく、かといって私有地でもなく、限られた漁業者だけが利用できる権利のことを「占有漁業権」（ＴＵＲＦｓ：Territorial User Rights for Fisheries）という。これは日本だけの制度ではない。

漁協など共同体が主導する資源管理のことを、共同体ベース資源管理という。これは政府主導の上意下達の管理ではなく、自主管理を行う。しかし、全く法制度によらない管理というわけではない。法制度と自主管理の両輪が重要であり、この両者のセットを共同管理（co-management）という。

いくら立派な制度を作っても、魂が入らなければ管理は機能しない。漁協代表などが持続可能な漁業に向けた主導権を発揮し、組合員をその気にさせることも重要である[3]。法的措置がなくてよいというものではないが、厳しく措置すればよいというものではない。

公海資源の管理

ＥＥＺに分割しても、なお広大な公海がある。誰でも利用できる資源のある公海は、地球規模（グローバル）の・

共有地(コモンズ)である。国際的な地域漁業管理機関が機能すれば、公海上の資源の乱獲を防ぐことができるだろう。国際条約は、多くの場合加盟国には留保や離脱の権利がある。したがって、国際条約による管理は加盟国が自主的に協力しているという側面があり、上意下達型の管理とは言えない。加盟国が合意できないことは決められない。

海洋法条約では、深海底の鉱物資源などは「人類共同の財産」と規定し、勝手に利用することができないことを合意している。しかし、財産であるということは、価値ある使い道があることを意味する。２０１６年から国連海洋法条約の下で国際的に法的拘束力のある規則（ＩＬＢＩ：International Legally-Binding Institutions）を作る会合が開かれている。

ＩＬＢＩの要点は、深海底鉱物の開発に際して海洋環境影響評価（ＭＥＩＡ：Marine Environmental Impact Assessment）の必要性が議論されている。そして、このＭＥＩＡにおいても、順応的管理が鍵となる原則のひとつと言われている。２０００年の生物多様性条約第5回締約国会議で合意された生態系アプローチの運用指針にも、順応的管理が謳われている。[9] 順応的管理は、上記のように個体群管理におけるフィードバック制御と順応学習からなる管理設計だけでなく、より広い意味では、「為すことによって学ぶ」こと全般を意味する用語としても使われている。

日本の環境影響評価制度は予防原則が重視され、その進め方を定めた環境省告示「基本的事項」に順応的管理の言葉はない。しかし、とくに事後調査と環境保全措置においては、順応的管理は有効である。[13] 環境影響評価は不確実性を伴い、予測の不確実性に対処するために事後調査を行い、必要に応じて追加の環境保全措置を行うことがある。それを事前の評価書で明記することは、順応的管理である。このような対処により、予防原則に基づく過剰な事前対策の必要がなくなる。

深海底には、熱水噴出孔周辺のように独自の生態系がある場所もある。化学合成微生物という、光合成生物とは異なる生産者がいる。全域を開発対象とするのではなく、一部の地域を保護対象とすることで、保護と利用の両立を図ることができるだろう。

統合的沿岸域管理

ＥＥＺに分けていても、ＥＥＺと公海、あるいは隣国のＥＥＺと自由に往来する水産資源がある。このような資源を「国際資源」と呼び、水研機構のＡＢＣ算定魚種からは外れている。日本が漁獲している国際資源も42魚種57系群について資源評価を行い、ＡＢＣを算定している。しかし、重要なのは、同一魚種同一系群の資源を利用する国どうしで協力し、全体として乱獲を防ぐ仕組みを作ることである。マサバなど上記の国際資源に入らない魚種も、現在では日本のＥＥＺのすぐ外での外国船による漁獲量が増えている。サンマはようやく国際資源に加わった。ＡＢＣを算定するうえでは、誰が獲るかは問題ではない。これも、10年ほど前から言われ続けていたことだが、マサバ太平洋系群については、すでに外国の漁獲量のほうが多くなってしまった。おそらく、相手の漁獲量が少ないうちに国際規則を作るほうが、より有利に協定を結ぶことができただろう。

スケトウダラ根室系群は、知床世界遺産の海域で漁業が行われていることから、登録の際に「海域の保護水準を上げる」ことが求められた。羅臼漁協は自主的禁漁区を拡大することでこの要請に応え、知床の自主管理漁業の顚末は国際コモンズ学会から2010年に表彰された。[6] 地元漁業者の懸念は、同じ資源をロシア側でも漁獲していて、共同管理どころか、相手の漁業の実態さえもわからないことだった。まずは科学者同士の情報交換と信頼構築を実現するため、アムール川流域とオホーツク海の生態環境の研究者たちは「アムール・オホーツク・コンソーシアム」を結成した。これと機を一にして、日露両政府による「日露生態系保全専門家会合」も定期的に開催されている。

最後に、統合的沿岸域管理（ICM：Integrated Coastal Management）にも、順応的管理は多用される。ICMとは、漁業だけでなく、多様な人間活動による沿岸域の海面利用に関する統合的に管理である。漁業においては、定置網と養殖生簀を設置する場所を、それぞれ定置漁業権と区画漁業権の漁場として、共同漁業権漁場とは別に指定されている。しかし、刺し網漁とかご漁なども同時にはできないので、調整が必要である。これは随時漁業者間の自主的協議によって決められる。このような海面の使い分けを「海洋空間計画」（MSP：Marine Spatial Planning）という。MSPは法的に定めるもの、行政が定めるものと、関係者間で自主的に定めるものがある。

ICMは、単に関係者間で海面利用を調整するだけでなく、共通の目的を定め、個々の人為活動によって互いの利用価値を損なうことのないように管理計画を定める。互いの活動がほとんど干渉しなければ大きな問題はないが、一方の活動が他方に影響する場合には、利用方法を巡っても調整が必要になる。この場合も、互いの影響を相互監視し、必要に応じて再調整する順応的管理が可能と思われる。

ＩＣＭは、各種の漁場、海水浴場など各種の行楽利用、港湾域、海路、貴重な藻場やサンゴ礁などの特別保護区、洋上風力発電施設など、多様な海面利用の組み合わせが考えられる。日本でも、海洋の総合的管理の考え方は内閣府総合海洋政策本部でも取り上げられ、海洋基本計画に盛り込まれている。しかし、漁業内部の調整で培われた知恵と実績が、他分野を巻き込む形で発展しているとは言い難い。漁業が大きな地位を占めている間に、指導力を発揮することが、漁業が生き残る道だろう。ここにも、改革をためらい、せっかくの先見の明を漁業が生かしていない例がある。

先延ばしにしても、遠くない将来に、より多くの資源がＥＥＺの外で外国船により多く漁獲され、統合的海洋管理は国際標準となり、環境団体を含めた多様な関係者と海面利用の調整が必要となる時代が来るだろう。漁業の役割が強いうちに、先見の明を持って、主導的役割を果たすほうが、結局は、漁業の立場を強く維持することができるだろう。

順応的管理という訳語を最初に活字にしたのは、北海道のエゾシカ特定計画という実例とほぼ同時であった。[15] 当時は予防原則と順応的管理は対立的に捉えられ、不確実性の対処方法として、予防原則は人間活動を制限する根拠として用いられ、順応的管理は活動を促す根拠として用いられた。

いずれにしても、不確実性を克服できるという主張ではなく、人間が自然を管理できるかできないかという議論ではない。両者とも、人間が自然の中で生きていくために、できるだけリスクを減らそうとする処世術である。

参考文献

[１]ロバート・アクセルロッド（松田裕之訳）（１９９９）『つきあい方の科学』ミネルヴァ書房
[２]Ｊ・Ｍ・コンラッド（岡敏弘、中田実訳）（２００２）『資源経済学』岩波書店、２５０頁
[３]Gutiérrez, N. L., Hilborn, R., Defeo, O. (2011) Leadership, social capital and incentives promote successful fisheries. *Nature*, 470, 386-389.
[４]環境省・北海道（２０１３）第２期知床世界自然遺産地域多利用型統合的海域管理計画
[５]Katsukawa, T., Matsuda, H. (2003) Simulated effects of target switching on yield and sustainability of fish stocks. *Fisheries Research*, 60, 515-525.
[６]牧野光琢（２０１３）『日本漁業の制度分析――漁業管理と生態系保全』恒星社厚生閣、２１３頁
[７]松田裕之（２００７）『生態リスク学入門』共立出版
[８]松田裕之（２００８）『なぜ生態系を守るのか』ＮＴＴ出版
[９]松田裕之（２０１２）『海の保全生態学』東京大学出版会
[10]松田裕之（２０１７）『誰のための資源評価か』アクアネット、17（４）、44～47頁
[11]松田裕之・森光代（２００９）「個体群から群集へ――新たな漁業管理の視点」近藤倫生、大串隆之、椿

宜高（編）『群集生態学 第六巻 新たな保全と管理を考える』京都大学出版会、1～26頁
[12] Matsuda, H., Abrams, P. A. (2013) Is feedback control effective for ecosystem-based fisheries management?, *Journal of Theoretical Biology*, 339, 122-128.
[13] 松田裕之・門畑明希子（2015）「風力発電事業による環境影響とその対処」丸山康司、西城戸誠、本巣芽美編『再生可能エネルギーのリスクとガバナンス』ミネルヴァ書房、61～92頁
[14] サイモン・レヴィン（重定南奈子、高須夫悟訳）（2003）『持続不可能性』文一総合出版
[15] 鷲谷いづみ、松田裕之（1998）「生態系管理および環境影響評価に関する保全生態学からの提言（案）」応用生態工学、1、51～62頁

謝辞
本章執筆にあたり、石川智士氏、勝川俊雄氏、牧野光琢氏、「海のジパング」計画メンバー、水産庁担当者に助言いただいた。

座談会2◉　海と陸の生物資源を考える

梅﨑昌裕
横山　智
石川智士
佐藤洋一郎

佐藤洋一郎

◉海の資源と陸の資源はどう異なるのか　システムとしての資源管理

佐藤　海の資源をめぐる情勢は今から1万年前の陸上世界とある意味でまったく一緒です。農耕が始まったそのころわれわれの身の周りにいたのはみな野生動物でしたが、資源という観点では、海の世界はそこからあまり変化していません。養殖などを通じて、これから海のドメスティケーション（栽培・

養殖）が始まろうかという時期です。陸地では海の世界に1万年以上先んじて、農耕や栽培植物の開発をして暮らしている。野生植物でも、栽培植物（ドメスティックな）でも、陸上資源についてわれわれはまだまだ知らないことがあります。

石川　海洋の生物資源管理論は、どうやって生物資源が増減するのか、資源量をどうやって推定するのかというところからスタートしています。基本的な理論は30年代頃のRusselやHjortらの研究が大きな貢献をしたと思いますが、実際に応用されたのは40年代くらいからだと考えています。しかし、陸上の生物資源と違って目に見えない海洋生物資源については、その資源管理はまだ全然進んでいない部分があります。農業の場合でも、天候や降水量など人間が関与（コントロール）できない部分もありますが、播種の量や時期などを調節することで資源の増殖・再生産に人間がある程度は関与することができます。でも、海の生物資源の再生産に関しては、人間が関与することは全くと言っていいほどできていません。

海洋の生物資源管理について、最初に注目されたのはクジラの問題だと思います。クジラの資源管理は、陸上でのゾウやライオンといった一頭が高価で、かつ増殖速度が遅い生物の乱獲をどう防ぐかという議論と類似しています。これは捕りすぎが一番危険です。一方で、その他の多くの海洋生物資源については、イワシなどがよい例ですが、捕りすぎること（乱獲）よりも環境の変化が資源量の変化に大きな影響を与えます。南米沖でのエルニーニョやラニーニャが発生すると、海洋のイワシなどの多獲性魚類資源の量が大規模に変化する問題などですね。もちろん、自然な環境変動ばかりでなく、人間活動が外洋の環境にまで影響するケースもあります。かつてニシンやハタハタなど沿岸で産卵する魚は、沿岸の産卵場が失われることで、劇的に資源が減少しました。これは乱獲とはまた違った問題です。海洋生物資源の管理に於いては、複合的な要因で資源が変動します。それにもかかわらず、捕りすぎばかりが注目されることは問題ではないかと感じています。
最近、陸域との関係性では「里海」という言葉が良く使われます。里海で一番ポピュラーな運動は、牡蠣の養殖業者が山に木を植えた「森は海の恋人」運動だと思います。賛否両論はありますが、海と山と川はすべてつながった1つのシステムだということを、わかりやすく説明する活動として非常に意味があると思いますし、資源変動の要因が環境の変化による部分が大きいということを示したという点でも意味深い活動であると感じています。里海という活動によって、海洋生物資源の管理に、環境変化という要素が含まれるようにシフトしてきていることは注目しています。

石川智士

攪乱の重要性

石川　「資源管理」、「食糧安全供給」という同じ言葉でも、陸と海では専門家のかかわり方や研究の方向性、商業との関係性などに異なる側面があると感じています。そこで、お聞きしたいのですが、農業や陸上生態系では、資源管理についてどういったことが語られているのでしょうか？　また、現在の問題点としてどんなものがクローズアップされているのでしょうか？

横山　たとえば、野生動物の生息域を人の手が入らないように囲い込むことがあります。植物の場合、手を加えなければ植生が遷移して特定の植物だけが残った極相になってしまう。極相になる途中の植物に価値がある場合は、それをうまく残すために、再生・管理することが重要になってきます。

梅﨑　攪乱生態系ですね。

横山　ある一定の攪乱を続け、それを絶えず残し続けるという方法です。

佐藤　攪乱の中には、人為攪乱のほかに、たとえば火山噴火や周辺環境の変化によるものもあります。カンボジアのトンレサップ湖では、周期的に水位が上がったり下がったりします。水位が一番上がったところよりさらに高い土地は安定的な森になり、一番下がったところよりさらに低い土地は湖として安定した環境になる。でも、その中間の水が溜まったり乾いたりする土地では、1年間に1回水がたまったり、引いたりするという、すごい攪乱が起こる。人為攪乱ではない自然の攪乱が、最初にあった。

石川　トンレサップ湖周辺の氾濫原は、水圏の生物にとっても、物質循環という点で非常に重要ですね。昔から水で肥沃な土壌について、「エジプトはナイルの賜（たまもの）」なんて言われていていましたが、同じようなことがメコン川でも言われています。雨季になるとメコン川からの水が逆流してトンレサップ湖に入り、湖が拡大して氾濫原ができる。このとき、メコン川の水から栄養が湖周辺へと供給されていると伝説のように言われています。だけど、実際にメコン川の水質を調べてみると栄養塩類濃度はそんな高くありません。メコン川の水は茶色くて、富栄養化しているように見えるのですが、それは単なる泥で、水質的には非常に貧栄養です。その水がいくらトンレサップ湖に入っても、毎年何トンという水産資源を支えることはできません。恐らく、氾濫原に蓄積している陸域起源の窒素源や炭素源といったものが水質に溶け出していて、それが利用されているのだと思います。その意味でも、生態系の攪乱は、沿岸や湖などの水系に影響を与えている。

一時期、洪水はよくないという考えが普及して、

横山　智

トンレサップ湖の周りの道が全部堤防のようになりました。でも、2年後に一部が壊されました。堤防のせいで、氾濫や洪水がなくなり、そのために周辺では魚は捕れなくなり、米も作れなくなって、住民の生活が成り立たなくなってしまったのです。結果として、一部の土手が切られて、水がちゃんと流れるような形になりました。洪水がないこと、水を安定させることが「良いこと」だと考えて堤防が造られたのですが、地元の人たちは、定期的に氾濫して、そこから水がくることで、自分たちの生産が成り立っていることがわかっていた。一方向的な価値観の押し付けは、逆に本来あるべき生態系の価値を損なってしまうこともある例かと思います。

佐藤　日本でも近年、洪水が100％の悪であるかのように考える人は多いですよね。2011年にバンコクで洪水が起こったとき、マツダの工場は水に沈むし、タイの経済がつぶれてしまうのではないかなどとさんざん大騒ぎになりました。ぼくはバンコクがフィールドの拠点なので、洪水のさなかに行ってみました。そうしたら、高速道路を車が通らなくなったので、そこに上がって釣り糸を垂れている人がいる。何してるのだろうと思ったら、「こんなの釣れた！」って魚を見せてみんなで大喜びしてる。研究者が「洪水で500人は死んだ」と言っても、タイの人は「去年だって200人死んでる」と返してきたりする。われわれは洪水がないことがいいことで、洪水がなくなれば管理が成功したと考えてしまいますが、タイ

梅﨑昌裕

ではそもそも管理なんて眼中になくて、水位が上がったり下がったりすることは織り込み済みなのだと思います。

生活の知恵

横山　ぼくはずっとラオスの山の調査をしていましたが、最近は低地もやるようになりました。水田の村などで調査をしていると、「雨が降ってきた」というだけで、周りの人がみんな網を持ってきて、調査なんかどうでもよくなって、田んぼで魚捕りを始める。「ああ、これは生活の一部なんだな」と感じますね。

石川　カンボジアの氾濫原における稲作は、1つの畑で何種類もの稲を混栽します。なんでそんなことするのかというと、稲によって収穫の時期と穂の高さが違うから、いつ洪水が起きても収穫がゼロにはならないようにするためだそうです。育ちが早いのも遅いのもある、背が高くなるのも短いのもある。それらを混ぜることでリスクヘッジしている。昔からそうやってきた、ということを聞いて「生活の知恵だな」と感心しました。

梅﨑　陸上の植物のうち栽培種は、ぼくらが選択しないと残らない。野生植物も選抜して要らないものを除くといった、人間の間接的な影響によって維持されている。トンレサップぐらいの規模なら、そういう意味で、攪乱が水産資源の維持に寄与しているということでしょうね。

もっと大きな海の生物でも、人間による選択、たとえばイワシを捕りたいとか、クジラを捕りたいといった人為的な攪乱も、資源維持に影響した可能性はあるのでしょうか？「森は海の恋人」運動で言えば、明らかに人間が欲しい魚を育てる海をつくる、つまり人為的に攪乱をしているわけですよね。それがもっと昔から、在来的な漁業の中でも行われていたといった事例はありますか？

石川　「魚つき林」などが有名ですね。江戸時代初期から、森に魚が寄ってくるから森の資源は伐ってはいけないとか、魚の資源のために森を伐ってはいけないとか、「魚見台」というものがあってその周りの木を伐ってはいけないとか、そんな話が残っています。積極的な攪乱ではありませんが、陸上の利用を規制して、海のためにそれを使うといった試みのあらわれですね。

連鎖する生態系

横山　クジラを乱獲すると、クジラの食べ物であるオキアミが増えて生態系が崩れるといった連鎖がありますよね。

佐藤　連鎖とまでは言えないけど、房総沖でクジラを捕ると、東北ではアミやイカが捕れるという話もある。だからクジラを捕ってくれると万々歳で、一升瓶持ってお礼に行く、みたいなね。

石川　農村などには「鯨一匹捕れば七浦潤う」という言葉があります。食肉としてだけでなく、クジラの鯨油が田んぼの除虫剤として使われていたからですね。もう1つ、秋道智彌さんが、布袋信仰がクジラに関係があると書いていました。クジラが岸に寄ると魚も岸に寄るから、クジラが寄ってくると豊漁になる。それが布袋信仰と重なるという論です。

梅崎　海洋生態系は因果がわからないというイメージがありますね。1つの魚類のライフヒストリーすらよくわかっていない。

石川　海洋資源は変動性が高いという特徴を持ちます。人間が関与していなかったであろう江戸時代の古文書などにも、イワシなどの漁獲量が60年周期で増減していた、なんてことが書かれています。ただ、資源は大規模に増減はするけど絶滅はしない。放っておけばまたある時期に増える。この放っておけば増えるという信仰は、人々の頭にすごく刷り込まれています。だからこそ資源管理が難しくなっている側面もあると思います。

東南アジアでも、沿岸漁民を調査するとみんな資源が減っていることはわかっています。資源管理の重要性もわかっています。じゃあ漁業を規制するかというと、「規制しなくていい。海は放っておけば増えるから」となる。これは日本だけじゃなくて、世界中のいろいろな地域で海の回復力への過度な期待というのはありそうです。

横山　だけど、たとえばニシンなんかは増えなかったわけですよね。

石川　ニシンは沿岸がつぶされてしまったからです。ニシンもハタハタもそうですが、沿岸産卵しますよね。だから沿岸の藻場など産卵場が失われると、産む場所がなくなってしまいます。これは、乱獲以上に大きな影響があるんです。われわれはある特定の種類に関しては情報を持っています。沿岸で卵を産むものに関しては、沿岸の産卵場を保全しなければ資源は増えない、そこがつぶれると海洋生物資源がなくなってしまう。クジラは確かにとりすぎで資源が大打撃を受けたと思います。その印象が強すぎて、水産資源が減ると乱獲が問題だ、漁業を規制しろという流れになってしまうのだろうと思います。

佐藤　東京海洋大学の越智敏之さんが、『魚で始まる世界史――ニシンとタラとヨーロッパ』（平凡社新書）という本を書いています。ヨーロッパの人はブイヤベースなんかもあるにはあるけれど、そんなに魚を食べないだろうと思っていました。だけど、大西洋側のオランダやイギリス、北欧では、ものすごく魚を食べている。またニシンは、海流が変わると移動ルートが変わるので、同じ場所に船を出しても、ばかみたいに捕れる年とまったく捕れない年がある。豊漁、不漁の要因はそれなんだと書かれていました。

石川　日本でも海流の流れが変わると、漁場も変わりますし、漁獲量も変化します。これは、資源量の増減だけではなくて、漁業のコストの問題にも関わります。そこに行けば魚は捕れるのはわかっているけれど、漁場が遠くなってしまうと燃油代が高くなりすぎて儲けが出ない。これはもう資源の話ではありません。産業として見ると、生物資源がある、生物量があることとイコール資源量が多いとはならないということは、忘れてはいけないと思います。

◉資源管理の問題点

ドメスティケートされる生態系

佐藤　梅﨑さんが調査をされているパプアの森林資源はいかがでしょうか。人々が普通の暮らしで使う野生植物は、植物だから動きませんが、やはり量は変動はするのでしょうか。

梅﨑　ニューギニアは低地と高地で全然違います。低地は人口密度が低く、人間が野生資源量に影響を与えるほどの力はありません。だけど高地では、サツマイモが入ってきて、火山灰土壌にすごくマッチした結果、人口密度が高くなってしまった。そうすると野生生物が絶滅してしまう。野草を食べたり、野生の昆虫を食べたり、いわんや狩猟するということのない社会になってしまいました。ですので、すごく極端で、かたや問題はない、かたやもうなくなっている、というのが現状です。ニューギニアは自然が豊かなイメージがありますが、高地社会で言えば、野生植物資源は、利用資源としては非常に少ないのです。

攪乱の話でいえば、ニューギニア高地ではサツマイモをうまく育てるために野生選伐が行われます。たとえば草は緑肥になるものを残して、そうでないものは全部除草する。森の木も、肥料になる木は残して、そうでないものは全部伐採する。考古学の知見によると、それを過去900年ぐらいはやっているようです。これを繰り返すと、サツマイモにとっていい木しか残らない。だから、生態系全体が栽培植物化（ドメスティケート）されたようなイメージをぼくは持っています。

横山　サツマイモを中心にドメスティケートされているんですね。

梅﨑　そこにサツマイモじゃない作物が入ると、それまで蓄積してきたサツマイモに特化した資源群が意味のないものになってしまう。

石川　最近だと米が入っていますよね。

梅﨑　ニューギニアの人も、食味として米は大好きです。だからみな食べたがる。ぼくが調査したのはだいぶ前なので、いまは変わっていると思いますが、サツマイモ20キロとお米1キロが同じぐらいの値段でした。おばちゃんがでかいイモを市場に持ってきて、代わりに1キロお米を買う。お米はやはりごちそうです。そういう観点で言うと、米が栽培されるとすごく喜ばれるのですが、生態系そのものはイモに適しているので、なかなか定着しない。かつては陸稲が入ってきたこともあるようですが、いまは水稲ですね。

佐藤　昔の陸稲はどこから入ったんですかね。

梅﨑　どこかはわかりませんが、ニューギニアのDPIという農業指導所のようなところが、陸稲を焼畑に植えなさいという指導をしていました。

焼畑のしくみ

石川　ぼくもパプアニューギニアの東セピック州に調査に入ったことがあります。最初に調査したのが1995年ぐらいなので、ちょうど米がワッと市場に入ってきた時代でした。中国の資本が入って、栽培を広げている最中でしたね。ただ、木を伐って陸稲を始めると畑から雨で泥が流れてしまうので、赤土の問題も出ていました。また、雨で土が流れ、やればやるほど土地がやせていく。普及するのか疑問視していましたが、一昨年に行ったら米の生産が増えていてびっくりしました。みんな米を食うようになっているんです。1995年当時はお米が貴重だったので、調査のときに米の5キロパックを10個ぐらいお土産として持っていきました。お米と鯖缶を持っていくと、無事村に入れてくれました（笑）。

梅﨑　除草はどうしてるんですか。していないと、相当収量が低いはずです。

佐藤　焼畑の場合、初年度はそんなに真面目に草を取らなくても大丈夫です。

横山　そうですね。2年以上連作するんだったら、やらないといけない。

佐藤　木を伐って焼くと、木のミネラルがそこに残る。初年目はあまり草もないのでよく獲れる。ラオスでもヘクタール2トンぐらい獲れたりします。

横山　科学者は、長期休閑になるとそれだけバイオマスを還元できる、だから土がよくなって作物がよく育つと思ってしまうんだけど、じっさいに焼畑をしている農民はそれを理解しているわけじゃない。でも、彼らは経験的に長期休閑を保つことで、作業量が減るということをわかっている。

佐藤　肥料に関しては、休耕をすればデンプンはたまります。でも、窒素はどこからも供給されないし、ほかのミネラルもそうです。だから、休耕・休閑したからといって、その土地が栄養豊富になるわけではない。動物の死骸や動物の糞が入れば別です。動物がたくさんいると地力回復の効果はある気はします。

米に限りませんが、焼畑の初年目って、意外と獲れるんですよ。日本の水田稲作の平均収量がヘクタールあたり5・4トンでしょう。一方で、大陸部たとえばラオスの焼畑地で2トンぐらい。ただしこれは開いた年の値です。学生たちに聞くことがあるのですが、重労働の果ての5・4トンか、何もせずに2トンか、どっちがいいかと聞くと、意見分かれますね。

イモと米

梅﨑　フィールドワークの経験ですが、タロイモもサツマイモも、バナナもそうですが、硬いですよね。熟れたバナナは別ですが、食べるとすごくあごが疲れます。でも、お米はスルスル入る（笑）。

横山　イモの食べ方と米の食べ方は全然違います

よ。米と一緒に、調味料なんかも入ってきますよね。

梅﨑　サバの缶詰とか、インスタントヌードルとかですね。それらと一緒に食べるとよりおいしい（笑）。セピックだと、サゴ（サゴヤシの幹からとった、白色の米粒状のデンプン）と缶詰も一緒に食べますよね。

石川　サゴも場所によって食べ方が違っていて、モチみたいにして食べる地域ではあまりサバ缶とは食べませんでした。焼いてプレートにしているようなところだとよく食べましたね。

なんで米がいいのかというと、私が訪れたセピックの村の奥さんが言うには、新しいものに対して文化の匂いを感じるらしいんです。サゴを食べて、地元で獲れた地野菜を食べて、魚を食べる。それでも生きていけるのですが、それは2～3代前の人間たちと同じ生活で、変化していない（発展していない）。そこに米や缶詰――洗剤なんかもそうですね――が入ってくると、発展したと感じるようです。彼らの嘆きの中には、そこで生活をしていても昔と変わらない、すなわち発展していないということがあるように思います。ずっと昔と同じ生活をすることに対する恥といった側面も感じられました。

梅﨑　ニューギニアは多様なので、同じセピック地方でもお米への感覚が違うのが面白いですね。私はフィールドで、「お米はうまいけど毎日食べたいか」という質問します。すると、自分たちの主な食べ物はサゴヤシだから、お米は食べた気がしないという答えが返ってきました。食事の時にお米を食べても、結局寝る前にサゴヤシも食べている。もともと食べていたものを礼賛するということもありますが、自分たちの食べ物に対する誇りというか、「ぼくらはすごくいいものを食べている」というような語りはよく聞きますね。「だから私たちは君たちより、体つきがガッチリしてる」とか。

食のヒエラルキー

佐藤　糖質の供給源というのはいろいろあります。狩猟採集の時代には、そこら辺にある植物資源が糖質の供給源でした。やがてその中から穀類、雑穀みたいなものが出てくる。人口密度が高い都市ができると、その住民は自分で食べ物を生産しない。そうなると、どこかからか運んでこなくてはならない。そういう観点でみると、低糖類の糖よりもデンプンのほうが保存も利くし運びやすいから、穀類が好まれるようになる。時間がたってくるとその穀類の中に序列ができてくる。そして、最後に残るのは米と麦になる。つまり食には序列がある。どうしてそうなるのか、ということに興味があります。

フランスでも同じようですね。堀越宏一さんという方が『中世ヨーロッパの農村世界』（山川出版社）という本を書いています。そこに15世紀くらいのパリの市民たちにとっても白いものが一番だったと書かれていました。下層市民になると「きょうもまたソラマメの粉の入ったパンだった」みたいな愚痴を言っている。ソラマメは、パンより序列が下なのです。それからクリも地位が低い。マロングラッセなんかもありますが、それはここ何十年かのもので、クリを食べるのはクリしか食べられない人だったようです。そういう序列が明確にある。日本でも、米を食べられる、米が作れるというのはすごいと思われていたわけですよね。

梅﨑　医学の分野には栄養転換のグランドセオリーがあります。世界各地で、難消化性の糖質が消化の良い糖質に置き換わっていく。たとえば、もともとイモを食べてた人はお米、もしくは小麦粉になっていく。お米でも、玄米で食べてた人が精米するようになる。昔は頑張って食べてたものが、食べやすいものに変わっていくというトレンドはグローバルなものです。それを頭において、ニューギニアの人たちがどうしてあんなに米が好きなのかを考えると、結局は食べやすさ、食後感のよさにあるのかなと思ったりします。

横山 ソウルフードだからじゃないんですね（笑）。

石川 タンパク質も多いですね。お米のほうがタンパク質含量が多いから食べやすいのかもしれません。

モチとウルチ

佐藤 米にはモチとウルチがありますよね。ラオスは伝統的にモチですが、最近、低地に一部ウルチも入ってきている。それでも彼らが頑なにモチを食べるのはなぜなのか。栄養学的、社会学的な関心があります。

横山 ラオスでは、モチの中でもさらにその品種にこだわる人たちがいます。友人と一緒にレストランに食べに行ったら水稲のモチが出てきました。すると「陸稲のモチはないか」って友人がレストランの人に聞くんです。「同じモチじゃん」と思ってしまうのですが、彼らいわく「味が違う、陸稲のほうがいいんだ」と言います。

石川 香りがいいんですかね。

横山 食感、歯ごたえだと思います。モチはしょうゆや魚醤、トウガラシに浸けたり、野菜と一緒に食べたりする。でもウルチはそういう食べ方はしない。モチを好むのは、丸めて浸けて食べるので、簡単だというのもあると思います。

佐藤 カンボジアもベトナムもウルチだと思われていますが、調べてみると意外にモチを食べています。特にベトナムは、南から北までモチを食べてますよ。カンボジアでもそうです。南ベトナムにミトーという町があるのですが、そこのレストランでは、日本のようにモチをボールにして食べています。低温の油の中に放り込んで、それを回しながら油であげていくと中の空気がだんだん膨らんでくる。そして直径二〇センチくらいの中が空洞になったモチのボールみたいなものになる。それをハサミで切って魚と一緒に食べる。ハノイでもモチ料理屋があって、モチのおこわの上にミンチにした豚肉とか鶏肉をカマボコのようにあげたか焼いたかしたものを乗せる。これはファーストフードです。お弁当にして、発泡スチロールの箱に入れたのがいっぱい積んであります。これをビジネス街にいる人たちが買いに来る。だから、意外とモチは多いんです。

梅﨑　モチはちゃんと管理して栽培しないと、すぐにウルチの米が混ざってしまいますね。

佐藤　栽培地域が離れていると混ざるようなことはありません。タイでは両方植えているボーダーの地域もあるので、そこではウルチ化が起きます。ウルチが出てくると、もう目の敵にしてどける（笑）。

梅﨑　やっぱり序列があるんですね。

横山　だけど最近は、ラオスの山地部でもウルチを植えたりしていますよ。売るのには、ウルチのほうがいい。

佐藤　商品経済になっているんですね。

横山　あと重要なことは、ウルチは炊き直しができないですよね。モチの場合は何度もふかし直しができる。1日置いたものでも、再度ふかせば普通に食べられます。ウルチはそうはできない。

ハイブリッド米はうまいのか？

梅﨑　陸稲と水稲のどっちのモチが好みですか？

横山　それは陸稲のモチです。歯ごたえが全然違います。水稲のモチは、べちゃべちゃしてる感じです。陸稲のモチは水分が少ない割には、かんでると味が出てくる。すごく味わいがありますよ。

佐藤　97〜98年ごろに、学生を連れて中国の雲南からラオスを調査したことがあります。ぼくぐらいの年齢の人は、毎日3食モチでもいい。だけど「もう、モチは嫌だ」と言い出した学生もいました。

梅﨑　私は中国の海南島でも調査をしていますが、そこのウルチ米は全部ハイブリッドです。収穫量は多いのですがあまりおいしくない。モチ米はもともとの在来品種があるので、それを水田の一角に植えている。ぼくのためにわざわざモチ米を炊いてくれることが結構あったので、なんでだろうなと思ったら、外国からのお客さんだからわざわざ食べさせてくれているということだった。ぼくは個人的に、ハイブリッドのウルチ米はそんなに嫌いじゃなかったんですけどね。でも、みんなモチ米のほうがいいと思ってる。

横山　ミャンマーに行ったとき、中国向けにハイブリッドのウルチを作っているところを訪ねました。つくっている人にインタビューしたら、「これは中国人が食うのか」って逆に聞かれたことがありました。「中国では普通に人が食べる」と答えたら、「こんなまずい米を食うのか」って。つくっているビルマ人ですらおいしくないと思っている。

佐藤　95年の大冷害のときにタイ米騒動がありましたよね。あのとき、なんでタイ米が評判悪かったかというと、食糧庁が日本の米とタイ米を混ぜたからです。日本のお米とタイのお米はアミロースが全然違う2種類のお米ですから、混ぜてはいけないんです。ハイブリッドも同じようなものです。

取捨選択される資源

佐藤　どうして米なのか、どうして小麦なのかは、食を考えるという点で面白いテーマですね。バイオロジカルな要因と社会的な要因、その両方あるのだと思いますが。

横山　ミャンマーの米、特に、シャン米と言われているものはおいしい。アミロース含量が日本のウルチとモチの中間ぐらいなんです。

石川　現代社会は選択肢がなくなっているという話とオーバーラップしますね。地元の人たちは、国際マーケットや流通、経済的なものとは全く別に、自分たちの食を選べる状況にある。一方で、たとえば都会に住んでいる日本人は、大手スーパーがそろえた品物の中からしか選べない。選んだつもりになってる。このあたりが、食の大きな問題で、今後考えなければいけないポイントだと思います。沿岸では、魚が年間でおよそ100〜200種類ぐらい捕れます。ですが、流通するのはそのうちのごくわずかで、スーパーにはサケにサンマ、マグロ等10種類ぐらいしか売られていません。もっといろいろな魚が捕れていて、かつては普通に食べていたはずなのですが、経済が大きくなり、物流がよくなることで変化したわけです。それを発展と呼びますが、果たしてそれは本当に発展なのか。食の安全や文化の多様性など、様々な側面から見直すと、そうとは思えない。

パプアニューギニアではいろいろなものを食べて、伝統的なものを守っている。ぼくから見ればいい生活をしていると思うのですが、彼女たちは「ずっと昔ながらのもので、全然発展してない」といった嘆きになる。なぜこのギャップが生じるのかを見直してみたいですね。

佐藤　祖先がはるか昔にやったことを知らないので想像するしかありませんが、いま海で起こっていることは、陸上の野生植物の中から栽培できる植物を選んでいくという、栽培植物化（ドメスティケーション）の過程でかつて行われたことだと思います。つまり、いろいろな種から、特定の種を何かの理由、何かの都合で選んできた。その背景には、生産性や能率、収量や、運ぶ際の適応性などなど、様々な要因がある。人間の側のニーズに合ったものを選ぶ過程で、その代価として、多様性が失われていったのでしょう。

石川　陸上の栽培化（ドメスティケーション）における選択や、多様性の消失といったものをもう一度見直して、その原因・誘因が何であったのか、問題点は何であったのを振り返る必要がありますね。海洋資源にせよ森林にせよ、多様性のある資源をどう活用していくのか、そのために何を学ばなければいけないのかということは、海と陸を比較した中で検討すべき課題です。

◉動植物と魚のドメスティケーション

養殖される魚たち

梅﨑　水産資源の養殖は、まだまだ栽培化の端緒が開けたばかりです。養殖される魚は、野生のものと基本的には変わらない特徴を持っています。

現在は、野生種から栽培種になる過程で、たとえばすごく肉を多くするとか、やわらかくするといった試みは既になされているのでしょうか？

石川　いま一番行われているのはフグだと思います。毒を無くすのではなく、白子を大きくする。オスのトラフグの値段はほとんど白子の値段です。あとは体のサイズを大きくする。これは遺伝学的にも行われています。脊椎動物の中で一番遺伝子情報（ゲノム）サイズが小さいのはフグだと言われていて、全遺伝子情報（ゲノム）がもう解明されています。その情報を使って、体のサイズや白子のサイズを決める遺伝子を調べることができます。もともとフグは互いを噛み合う性質があるために養殖できなかったのですが、うまく遺伝的に掛け合わせることで、あまりお互いに噛み合わない性質の系統を選ぶことも行われたりします。

トラフグで特定されている体の大きさを左右する遺伝子を特定する手法は、種を超えても適応可能なようなんです。ほかの魚にも応用できるし、ひょっとするとほかの脊椎動物にも適用できるかもしれません。従来の外的な特徴による掛け合わせではなくて、遺伝的な情報を踏まえた選抜育種が、確かに進んできていると思います。

佐藤　地上の植物の場合、すでに育種しつくされていて、限られたものの中での選抜しかできません。育種をやっている人が、遺伝子組み換えが面白いと言うのはそこに起因するのだと思いますよ。今までになかった変異を作れるわけですから。自然界では交配できないものが実験室の中では交配できて、育っていく。つまり今までになかった生き物ができていくわけです。これは研究者としては、魔力的な面白さを感じてしまう。

食の文化的背景

横山　遺伝子組み換えが研究者として非常に面白いというのはよくわかるのですが、社会としては、本当に安全なのかという問題になりますよね。

佐藤　日本社会では遺伝子組み換えは極めてネガ

ティブに捉えられていますが、なぜなのでしょうか。アメリカではポジティブというか、すぐ受け入れられる。

石川　遺伝子組み換え生物の漠然とした危険性に対する恐怖感が強いためか、リスク回避がとても重要視されすぎているようにも感じます。

梅﨑　遺伝子組み換えで新しいものが生まれるというプロセスが、食べ物としては違和感があるのでしょうか。昔、鱗のない食用のドイツ鯉というのがありましたが、食べたくないという感じがしてしまう。その感覚と、遺伝子組み換えは、個人的にはすごく似たような印象があります。

魚は養殖よりも天然のほうがおいしそうに見えますが、栽培植物は逆です。栽培種の方がおいしそうに見える。私たちの祖先が野生から栽培種を作った過程をぼくらは見ていないので、いまある栽培植物は、すでにあるものとして見えてしまう。

佐藤　自然観や世界観といったものが反映された感覚だと思いますが、たとえば日本で、「この山菜はうまい。やっぱり自然のものはうまいんだ」という言い方をしますよね。なぜかは知らないけれど、山から採ってきた山菜はうまいわけです。おそらく、ヨーロッパの人はそういうことを言わないのではないか。ヨーロッパの人にとっては、天然のものはどこか文明的ではないという価値観があります。野生動物は人間が食べるものではない。神様が準備してくれたのは家畜や麦で、そこら辺を走り回っているウサギをつかまえて食べると、教会の牧師が眉間にしわを寄せる、といった感覚を持っている気がします。それは日本人にはない感覚ですね。

石川　魚に関しては、多くの人が天然ものがうまいと思ってます。だけど、養殖業者の名誉のために言っておきますが、彼らは「おれたちが丹精を込めて作った魚のほうが絶対うまい」と言います。それは当然です。肉でも何でも、人間の味覚に合うようにエサも変え、飼育方法も変え、選抜しておいしいものを作っています。魚も同じで、人間の舌に合うように、エサも変え、飼育方法、サイズ、締め方も、全部変えている。特にヒラメやタイなどは、食べたら養殖魚のほうが絶対にうまいでしょう。韓国でも今、ブランド品のヒラメのようなものを作りだしていて、それはもう天然魚よりうまいと言われています。ノルウェーのサーモンも天然のものはおいしくない。最近は養殖したほうがおいしいし、安全だと売り出してます。それでも、なぜか日本では一般的には魚は天然ものがうまいと言われています。

遺伝子組み換えのメリット／デメリット

横山　いまの遺伝子組み換え作物には2つの問題があります。1つは、組み換え作物の技術は、基本的には除草剤との親和性だということです。つまり除草剤をたくさん使ってほかの雑草を殺しても、栽培している作物は死なないようにする。そういった遺伝子組み換えなんです。だから、普通の作物よりも除草剤を多く使っている。それに対する違和感があるのだと思います。安全なのか、という疑問です。もう1つは、長く食べ続けても本当に人間の体が変化しないのか、悪影響は出ないのかという疑問です。ラットを使ったとしても、1年ぐらいの実験しかやってないと思います。だから10、20年たったときどうなるのかはわからない。他の国と比べても、日本人はそういうことにすごく敏感だと思います。

佐藤　除草剤の問題では、ぼくもそういう感覚を持っている。除草剤に強い遺伝子を組み込んだ作物には、当然除草剤を使っているだろうなということはわかるので、それが駄目だという理屈は理解できる。でも、ほかにも何か影響があるのかもしれない。最近思うのは、行政というか、科学の側の責任です。農水省が、「これは遺伝子組み換えです」「これは違います」と公表すれば、世の中はそれにある程度冷静に反応して、好きな方向を選択すると思うんです。だけれども、それを隠す。それが問題なわけです。

横山　原発は安全だというのと同じ構造ですね。実際に原発事故が起こってしまいましたが、放射能で、もしなんらかの悪影響が出ても、「それは原発のせいではない」と言えてしまう。それと同じで、ずっと遺伝子組み換えの作物を食べ続けて、何か影響が出てきても「それは、遺伝子組み換えのせいではない」と言えてしまう。科学的には証明できない。

石川　水俣病もそうですが、公害病が科学的に証明できたのかということは、大きな問題です。食糧の問題だと狂牛病もあります。異常プリオンの問題が20年たってからわかるということもある。そういったものが、すごく刷り込まれている気がします。だから、不確実なものに対しては恐怖感を抱いて、排除するという思想ができあがってしまっているのではないかと思います。

科学の不確実性

石川　科学的正確さとは何か、科学の証明能力と不確実性の認識は議論し続けなければならないポイントだと思っています。

佐藤　科学が持っている予見性のようなものを、われわれがどう伝えるかということですね。その伝え方を間違えてるんじゃないか、という議論です。わかりやすい例をあげると、気象衛星のひまわり8号が打ち上げられたとき、気象庁か、あるいはどこかの気象予報士だかが、これで天気予報の精度が上がると言っていました。しかし1週間先の天気予報が3日前になるとコロッと変わることがいまでも結構ある。そもそも予測や予見というのがどういうものなのかを、科学の側にいる人がちゃんと伝えてないように思います。

天気予報は当たらないものだし、3日先のこともわからない。100年先の気候変動だって、本当はわからない。科学者が地球規模の話をする一方で、生活者は自分の目の前の現象を見てものを言うわけだから、「今年みたいに雪が多いのになにが温暖化だ」という話になってしまう。伝え方、伝わり方を、真面目に考える必要がある。

石川　同時に、人口が90億、100億になると予想されている現状で、食料生産はいままでの伝統的な生産方式のままで大丈夫なのか、遺伝子組み換えなしにやっていけるのかということも、議論していく必要があります。

佐藤　その話を組み合わせると、「遺伝子組み換えをやれば、生産は本当に増えるのか」という議論にもなりますね。

梅﨑　リスクの評価というのは、感覚的で、正確にも理論的にもできない。だからリスクの大きさと、その行動を受容するかどうかというのは別問題なのだと思います。遺伝子組み換えもリスクがありますが、いまの科学的知見を信じるなら、かなり少ない。それでも、そのリスクをどう評価するのかというところで、その情報が歪むというか、受け取りかたが違ってくる。ですので、リスクを整理することが、議論の切っ掛けになるのだと思います。

失われゆく知識と資源

佐藤　ある時期に限ってしか捕れないもの、少量しか捕れないものは、流通には乗らない。でも、地方の魚港の裏にある寿司屋に行けば、以前は食えたというような魚もあった。寿司屋のオヤジがいて、その魚の名前も、どうやったら食えるといった知識も持っていた。そうやって資源として認識されていた。ところが、養殖が始まって雑魚として棄てられるようになり、その寿司屋もなくなってしまうと、その資源が失われてしまう。あるいは価値をなくしてしまいます。陸上でも同じようなことがあると思います。たとえばラオスにも、焼畑の休耕中の植物の中に、そういったものがありませんか。

横山　10年ぐらい前になりますが、焼畑の1年目の休閑地で何を採るか、2年目、3年目で何を採るかという調査をしたことがあります。調べて見ると、いろいろなものを採っている。しかも彼らは、植物の種類、休閑地の植生がどのように変わっていくかということを知っているんです。そういった植物の知識を子どもたちに伝えることが、だんだんなくなってきています。10年ぐらいたって世代が変わると、もうだれも、野草を採りに休閑地には入らなくなると思います。いまは政策の影響で10年の休閑期間なんてほとんどない。3～4年サイクルで回さなければいけないので、有用植物も生えてこない。だからだれも行かなくなってしまう。

この調査の結果をリストアップしたら、8割ぐらいが食用で、2割ぐらいが薬用でした。薬用というのがかなり面白い。彼らは、1種類の葉っぱや1種類の根だけではなくて、この根とこの葉を組み合わせて煮て飲むとこれに効くとか、複合的な植物利用の知識を持っていました。それもほとんど引き継がれていないのだろうと思います。

石川　利用がなくなると知識はなくなってしまいますね。土着の知識とか、生態的知識とか、重要だと言われても、利用する側は残そうとはしない。

横山　そこに経済的な価値が加わると変わってきます。ぼくは安息香という樹脂の調査をしています。大体6年目ぐらいの休閑地に出てくる木から採れる樹液です。これが香料になるのですが、とても価値がある。1キロ10ドルぐらいで売れるので、住民にとってはいいお金になります。だからその地域では、6年間の休閑が維持されている。

石川　安息香1つが、ほかの生態系も含めて、全部を保護しているわけですね。そのサイクルが守られている。この経済性は、ラオスならラオスという国の中だけの閉じた経済性ではなくて、グローバルなものでもありますね。

佐藤　サトウキビだってそうです。どうにもならない草だけど砂糖がとれる。しかも多年草なので、育種はしにくい。だけど一遍植えておけば何回も何回も獲れる。作物としては野蛮です。でも、それがどうしてあんなに育種されるかというと、白砂糖が魔力的な価値を持っていたからです。逆に言うとそれがために、グローバルに展開して、プランテーションになる。パプアの人たちが、そういった失われていく植物資源に、何か特殊なものを見出すようなケースはあるんでしょうか？

リバイバルする資源

梅﨑　海南島（南シナ海北部にある島）に面白い事例があります。昔、水田に生える食用植物の研究をしました。村の中でも、その植物を必要とする村、しない村がある。これは普通の栽培植物に比べると、ちょっと苦いし、固いし、あんまりおいしくないので、食べられるという知識は残っていましたが、一時期、ほとんど食べられなくなっていました。でもその植物がリバイバルしたんです。その理由は2つあって、1つは、中国が自然保護のために焼畑を禁止したことです。その結果、焼畑で採っていたお米の副食がなくなってしまいました。そのとき、「そう言えば食べられる野草があったな」と、思い出されて、また食べ始められる。同じタイミングで、焼畑が禁止された地域が国立公園になって、観光地になった。そうしたら、観光客がその植物を食べたがる。この2つの要因から、知識がリバイバルしたわけです。そうなると、農薬を畦にまかないようにしようとか、保全するようになる。ぼくはそのとき、知識が残っていてよかったと思いました。それがなくなっていたら、焼畑が禁止されたとき困っただろうし、観光客がきても魅力的な売りが出せなかった。価値があるかないかというのはコンテクストに依存します。在来知は、社会や状況の変化への対応という意味でも大事なのだと思いました。

品種改良と多様性の保持

佐藤　魚類の場合、品種改良はどこまで進んでいるのでしょうか？　養殖だけでは、強い遺伝的なバイアスはかからないですよね。

石川　かけないようにしますね。でも、品質をそろえるために、何段階かに分けて選抜しています。多様性は残したまま、その中で残すもの、残さないものを段階別に分けていくという方法です。あまり選別しすぎると、病気がはやったときにすぐ死んでしまったり、温度変化に弱かったりと、絶滅のリスクがでてきてしまいます。特に養殖の場合、野外の網生け簀の中で飼えばかなり天然の環境変化にさらされるので、選抜しすぎると弱くなってしまいます。海産魚の場合などは飼育環境を100%コントロールすることはむずかしいですからね。

佐藤　飼育の過程に、科学的知見は入っているんですね。

石川　はい、かなり科学的なモニタリングはなされています。近畿大学がハイブリッドで作った「キンダイ」という魚などもありますが、基本的には、ハイブリッドで新しいものを作ることはしません。また、金魚のような、観賞用のオーナメントフィッシュの場合、掛け合わせをして形がとても変わった新しい品種を作ったりします。以前、3331 Arts Chiyodaというアートセンターで、『金魚解放運動』というインスタレーション作品を見たことがあります。商品化された金魚を自然交配したらどうなるかという実験でしたが、3代ぐらいで、普通の真っ黒いフナになるさまが描かれていました。尾びれがヒラヒラの金魚の中に、元の原種の遺伝子が残っているんですね。金魚は、見た目のいいものだけを選抜して、販売されているのです。

梅﨑　金魚は飼いやすさにも差があったりしますが、3世代で戻るというのは、やはり育成植物と随分違うレベルの変種なんだなと思います。

佐藤　まだ多様性を保持しているのでしょうね。その対極が、陸上動物だと牛、和牛です。いま、和牛の遺伝的対応性が小さくなってしまったと言われています。それがなぜかと言えば、選抜したからです。冷凍精子の影響が大きかった。それまでは、体の大きい雄牛をなだめてトラックに積んで、雌のところに連れていって、交配させていた。当然、隣の県なんかには行けないし、ましてや高速道路で運ぶなんてできない。だから、地域内で行われるものだったのですが、冷凍精子ができるとガラッと変わってしまう。3回分で18万円とか、そんな値段になるのだそうですが、たとえば宮崎の種牛の精子を北海道に持っていくことができるようになる。協会の方に聞いたのですが、平茂勝（ひらしげかつ）という雄牛は、平成18年頃に死んだにもかかわらず、冷凍精子があるから、まだその子が産まれている。同じオスとして考えると、背中が寒くなりますね。

横山　オーストラリアやチリなど、海外でも和牛が育てられてますが、それも冷凍精子なのかも知れないですね。日本人の方がオーストラリアの和牛を飛行機でラオス中部のシェンクワンというところに運んで飼育しています。以前、そこに行こうとしたら、外部の人は口蹄疫の関係で一切入れないと言われました。冷凍精子もですが、飛行機で和牛が運ばれるというのも、恐ろしいですね。

梅﨑　牛はすごくコントロールされていますよね。和牛は美味しいですが、話を聞くと、気持ち悪くもなります。脂ののった牛は、私たちに置き換えて考えれば糖尿病の状態ですよ。だけど、それを見たときにすごくおいしそうだと感じるのが不思議です。

オーナメンタルとしての動植物

横山　ぼくも牛の調査をやっているのですが、肉牛でも個体差があって、かなり大きな牛も出てくる。ラオスのモン族は、牛を放牧して育ててるんですが、大きい牛は隔離して肥育するんです。どんどん牧草を与えて大きくする。それは闘牛の牛を育てるためです。彼らは年に一回、闘牛の大きな大会を開きます。肉牛の場合、大きな牛で1頭あたり5〜6万円で売られるのですが、闘牛の大会で勝つと、100万円とか、車1台と同じくらいの値段になるんだそうです。その大会を見に行ったのですが、勝つと、その場で売買の交渉が始まります。

石川　それは種牛に使うんですか？

横山　いや、彼らにとっては強い牛を持っていることが名誉なんでしょうね。もともとは肉牛ですが、勝つ牛には全く違う価値が付与される。

石川　魚だとコイの冷凍精子がありますね。山古志村というところで、魚の冷凍精子技術開発を成功させた黒倉先生という方がおられます。前に地震があったとき一番困ったのは、精子凍結をしている組織が壊れてしまったことだそうです。

東京海洋大学の先生がそこに呼ばれて、40年間保存してたコイの精子を使って受精実験をして成功させたそうです。ニシキコイの場合、個体や系統で模様が異なるので、個体識別はかなり重要です。食べる魚では、あまり個体識別まではされないですね。

佐藤　育種で巨額の富を得たり、一代で財産を全部なくしたり、オーナメンタルなんですね。植物で言うとアサガオもそうですが、命を懸けている人が何人もいる。元禄の頃の話ですが、アサガオが欲しくって身上つぶすような大阪人も出てくるわけです。だけど、コシヒカリのために身上つぶす人はいない。

横山　東南アジアだと、闘鶏もそうですね。日本円にすると、1羽わずか100~200円ぐらいのニワトリが、闘鶏のニワトリになると何十万しますから。

佐藤　日本だと、尾長鶏ですね。

梅﨑　遊びになると変わるというのも面白いですね。

石川　遊びや観光の側面も軽視しちゃいけないですよね。食糧生産だけで切っちゃいけないのかもしれないですね。生物資源を使うという意味では、闘鶏とか闘牛といったオーナメントの部分も含んだ形で、生物を資源として見ていくことが必要なのかもしれない。

横山　そのとき、社会的なネットワークも重要になりますよね。闘牛なんか、まさしくそうです。

佐藤　白幡洋三郎さんが『プラントハンター』（講談社）という本を出しています。ヨーロッパ人が船を仕立てて、アジア、アフリカに、花を取りに行く。これもオーナメンタルですね。変わったものを見つけて、船に積んで帰ってくるのですが、途中で船が難破しそうになる。そして水がなくなる。でもそこで、乗組員の飲み水を減らしてまで植物に水をやろうとして殺された船長がいたなんて話も出てきます。食べないもののほうが、価値がある。

東南アジアの納豆文化圏

佐藤　金沢大学に能登のフィールドを調査している研究者がいます。能登には黄砂が飛んできますが、その小さい微粒子の表面には微生物がいっぱいいる。それを培養した人がいるのですが、納豆菌が出てきたそうです。彼はそれで納豆を作った（笑）。

横山　「そらなっとう」ですね。純粋な科学的な調査だったのですが、黄砂の中に納豆菌が含まれていたから、納豆を作ってみたようです。

佐藤　糸引き納豆ができたけど、糸を引かない納豆もあった。「テンペ」のようなものでしょうかね。

横山　東南アジアの納豆はほとんど糸引かないですよね。自然界には恐らく無数の枯草菌がいて、当然、日本で納豆を作るのと同じような糸を引く納豆菌のような種類もある。でもそれは少なくて、大半は単にタンパク質を食って発酵して終わりなので、糸は引かない。タイの納豆はせんべい状にしますが、彼らはあえて糸を引かない枯草菌を選択して、作っているのだと思います。彼らは納豆をつぶして、乾燥して、せんべい状にして、調味料として使います。だから、つぶすときに糸を引くと、ネバネバして加工しづらいんです。私も日本の納豆でせんべいを作ろうと思って、やってみたことがあるのですが、杵と臼にぐちゃぐちゃにくっついてしまって、平べったくするのは不可能でした。調味料を目的として納豆を作るなら、糸を引かないほうがいい。長い時間の中で、そういう菌の選択が行われてきたのだと思います。かつては菌の供給源として、何らかの植物を入れていたと思います。日本では稲ワラを使っていました。

でも、いまはゆでた大豆をそのまま置いておけば納豆になることを知ったので、何も入れない。これは日本の麴室（こうじむろ）と同じようなもので、昔から使っていた納豆菌がその場所に付いているのでしょうね。納豆は10～20年の話ではなく、１００～２００年の間、ずっと同じ作り方をしているのだと思います。

梅﨑　微生物生態系みたいなものですよね。

佐藤　空飛ぶ納豆菌がいるとなると、納豆屋さんは自分のところの菌をどう管理してるのかが気になりますね。ひょっとしたら、飛んでくるからときどき組み替えが起こっているのかもしれないですよね。

梅﨑　日本の納豆を持っていったら、納豆菌が混入（コンタミネーション）するんでしょうかね。

横山　絶対しますね。農学部の人で、菌の研究をしている人は、納豆菌は最悪だとよく言っていますよ。菌の培養実験をやるときは、絶対、朝に納豆を食うなとまで言われてる。納豆を作っている会社で講演をしたことがあります。その会社では、納豆のほかにも豆腐を作っているんです。納豆の工場に行ったあとに、豆腐の工場に行った社員がいて、そこで菌が混入（コンタミ）してしまって大変なことになったという話を、懇親会で聞きました。豆腐を作るために大豆をゆでたら、全部納豆になってしまった（笑）。納豆菌は、熱にも強いし、アルカリにも強い菌なんです。何十分も大豆を煮ても、煮終わったあとの鍋には、菌がまだ残っている。その鍋で大豆をゆでるだけで、また納豆ができる。

梅﨑　だからこそ、納豆はあちこちにあるのでしょうね。考えてみると、病原性を持ってなくてよかったですよね。悪いやつがいたら大変なことになる。

微生物と人間のインタラクション

佐藤　麴だってカビの仲間ですからね。乳酸菌もそこら中にいる。一歩間違えれば生物兵器にでもなりうるけれど、幸いというか、僥倖というか。

微生物と人間とのインタラクションはそういうものなのでしょうね。

梅﨑　細菌に強い病原性があると、宿主を殺してしまうので自然に弱くなりますね。納豆を食べてもぼくらは死なない。納豆がすごく有害だったら、われわれはそういう環境を選択的に排除して、納豆菌の生きる場所が減るのでしょう。ニューギニアの人たちとイモの話なのですが、生物学的に言うと、イモだけだとタンパクが足りないそうです。だから、腸内細菌と食べ物がうまく組み合わさって、健康を維持しているという仮説があります。いい腸内細菌が、タンパクの足りないイモを食べている地域には残っているのかもしれません。さっきは病原性の話でしたが、人間のおなかの中にも、ぼくらを介在（メディエート）して生かしているものもあるのでしょうね。

梅﨑　食べ物の話だと、最近、腸内細菌にはいろんなインパクトがあるという話がでています。世界の食の多様性の後ろにある、縁の下の力持ちみたいな。でも、グローバリゼーションが進むと、その多様性もどんどん消えていきます。

佐藤　ローカルだから生き残れたものって、当然あるはずですね。

横山　納豆なんかまさしくそうです。東南アジアの納豆文化圏は、実は魚醤文化圏でもある。うまみ調味料ですね。海だけではなくて、内陸の川とか沼とかで捕れた魚を魚醤にして調味料として使う。魚醤ってうまいですよね。一方で山のほうでは魚があまり捕れないので、納豆が調味料として使われる。

　低地は魚醤、山地は納豆と、きちんと住み分けができていたのですが、最近はものの行き来が活発になって、魚醤やエビを発酵させた調味料のカピなんかは安いので、どんどん山に上がっていく。ミャンマーの山地では、納豆が魚醤に置き換わっているところもあります。

佐藤　今われわれが知ってる魚醤って、海のものが多いけど、伝統的には、淡水魚でつくるものですよね。

石川　カンボジア、ラオスは、もともと淡水魚が主な食材ですね。コイ科の魚がメインです。

佐藤　豆の醤（ひしお）が醤油、味噌ですが、大豆はうまみになってるんですね。

横山　なっています。ミャンマーのカチン州という一番北のところで、日本と全く同じ糸引き納豆を作って、ごはんにかけて食べています。これは例外で、ほぼ１００％、納豆は調味料です。

執筆者一覧

［編集者］

佐藤洋一郎（さとう・よういちろう）

京都府立大学教授、総合地球環境学研究所名誉教授。専門は植物遺伝学。

一九五二年生まれ。京都大学大学院農学研究科修了。

主な著書に、『森と田んぼの危機』（朝日新聞社、一九九九年）、『イネの歴史』（京都大学学術出版会、二〇〇八年）、『食の人類史』（中央公論新社、二〇一六年）など。

石川智士（いしかわ・さとし）

東海大学海洋学部教授。専門は国際水産開発学、集団遺伝学。

一九六七年生まれ。東京大学大学院農学生命科学研究科博士課程後期修了。

主な著書に、『地域と対話するサイエンス――エリアケイパビリティー論』（勉誠出版、二〇一七年、共編）、『地域が生まれる、資源が育てる――エリアケイパビリティーの実践』（勉誠出版、二〇一七年、共編）、『幡豆の海と人びと――Living and nature of coastal community in Higashi-Hazu』（総合地球環境学研究所、二〇一六年、共編）など。

黒倉　寿（くろくら・ひさし）

東京大学大学院農学生命科学研究科名誉教授。専門は水産海洋学、水産開発学。

一九五〇年生まれ。東京大学大学院（農・博）修了。

主な著書に、『水圏の放射能汚染――福島の水産業復興をめざして』（恒星社厚生閣、二〇一五年、編）、『漁業の近現代史』（『水圏生物科学入門』恒星社厚生閣、二〇〇九年、共著）、『水産学の立場からナマズを考える』（『ナマズの博覧誌』誠文堂新光社、二〇一六年、共著）など。

［執筆者］（掲載順）

森下丈二（もりした・じょうじ）
東京海洋大学海洋政策文化学部門教授。専門は水産政策、国際海洋政策。
一九五七年生まれ。京都大学農学部卒、ハーバード大学行政学大学院修了、農学博士。
主な著書に、『なぜクジラは座礁するのか？――「反捕鯨」の悲劇』（河出書房新社、二〇〇二年）、『水産の二一世紀――海から拓く食料自給』（京都大学学術出版会、二〇一〇年、共著）、『ＩＷＣ脱退と国際交渉』（成山堂書店、二〇一九年）など。

秋道智彌（あきみち・ともや）
山梨県立富士山世界遺産センター所長。専門は生態人類学、海洋民族学。
一九四六年生まれ。東京大学大学院（理・博）修了。
主な著書に、『たたきの人類史』（玉川大学出版部、二〇一九年）、『越境するコモンズ』（臨川書店、二〇一六年）、『クジラは誰のものか』（筑摩書房、二〇〇九年）など。

伏見　浩（ふしみ・ひろし）
ＩＣＲＡＳ株式会社代表取締役。専門は水産増殖学、水産資源学。
一九四五年生まれ。東京水産大学大学院（修）修了、農学博士。
主な著書に、『浜名湖のつくる漁業』（勉誠出版、二〇一七年、共著）など。

八木信行（やぎ・のぶゆき）
東京大学大学院農学生命科学研究科教授。専門は海洋政策論、水産経済学。
一九六二年生まれ。東京大学農学部卒業、ペンシルバニア大学大学院修了、博士（農学）。
主な著書に、『食卓に迫る危機――グローバル社会における漁業資源の未来』（講談社、二〇一一年）など。

松田裕之（まつだ・ひろゆき）
横浜国立大学環境情報研究院教授。専門は水産資源学、生態リスク学。
一九五七年生まれ。京都大学理学研究科博士課程修了、理学博士。
主な著書に、『ユネスコエコパーク』（京都大学出版会、二〇一九年、編著）、『海の保全生態学』（東京大学出版会、二〇一二年）『生態リスク学入門』（共立出版、二〇〇八年）など

梅﨑昌裕（うめざき・まさひろ）
東京大学大学院医学系研究科教授。専門は人類生態学。
一九六八年生まれ。東京大学大学院医学系研究科修了、博士（保健学）。
主な著書に、『人間の生態学』（朝倉書店、二〇一一年、共著）、『ブタとサツマイモ』（小峰書店、二〇〇七年）など。

横山　智（よこやま・さとし）
名古屋大学環境学研究科教授。専門は地理学、東南アジア地域研究。
一九六六年生まれ。筑波大学大学院地球科学研究科中退、博士（理学）。
主な著書に、『ラオス農山村地域研究』（めこん、二〇〇八年、共編著）、『資源と生業の地理学』（海青社、二〇一三年、編著）、『納豆の起源』（ＮＨＫ出版、二〇一四年）、『サステイナビリティ――地球と人類の課題』（朝倉書店、二〇一八年、共編著）など。

【生命科学と現代社会】

海の食料資源の科学——持続可能な発展にむけて

2019年10月25日　初版発行

編集者　佐藤洋一郎・石川智士・黒倉　寿
発行者　池嶋洋次
発行所　勉誠出版株式会社
〒101-0051　東京都千代田区神田神保町3-10-2
TEL：(03)5215-9021(代)　FAX：(03)5215-9025
〈出版詳細情報〉http://bensei.jp

印刷・製本　中央精版印刷
ISBN 978-4-585-24301-4　C3040